穏やかで安心な環境づくりから、
リハビリ、メンタルケアまで

老鳥との暮らしかた

細川博昭　著
ものゆう　イラスト

誠文堂新光社

どんなときも寄り添って、
いっしょの時間をすごしてきた、
たいせつな家族。
いつまでもこの時間が続きますように…

でも、どんな子にも老いは必ず訪れます。
それに気づいてあげること。
そして、環境を整えてあげること。
ともに暮らせる時間を少しでも長く、
心穏やかにすごしてもらうために。
できることは、たくさんあります。

はじめに

『うちの鳥の老いじたく』では、おもに、「鳥の老い」とはなにか、鳥のどこを見て「老い」を知るのか、老いていく鳥に対して飼い主にできることはなにか。そして、お別れに対してどう臨むかといったことを解説しました。

本書では、老鳥の心と体の維持を中心に、環境の整え方やメンタルのケアなど、「老鳥との暮らし方」を考えていきます。中心となるテーマは、「老期の鳥が心穏やかに暮らすためのノウハウ」です。

老化の始まりに気づくこと、そしてそれに上手く対応することで、老化を遅らせることも可能です。対応しだいでは、いっしょに暮らす時間を、飼い主の予想よりもずっと長くできる可能性さえあります。老鳥が病気になってしまったときも、飼い主が「気づく」ことで早期に治療が始められます。それによって老鳥への負担も減らすことができます。

また、一部の鳥に対しては、人間がするようなリハビリを課すことで、歩行や飛

翔の力をわずかに取り戻せるケースがあることがわかってきました。失った能力を取り戻すことは、老鳥の気持ちを上向かせ、生きる張り合いを取り戻すことにつながります。人間がそうであるように、あきらめていた力を取り戻すことは鳥にとっても嬉しいこと。こうしたことについても語っていきます。

ともに暮らす鳥がどんな老後を過ごすかは飼い主しだい。

本書は、人生（鳥生）の最終コーナーにさしかかった鳥たちに、よい生活を提供していくためのヒントを詰め込んだ本です。「老鳥との暮らし方、つきあい方」のノウハウが、読者の方に少しでも上手く伝わるよう、心をこめて構成しました。

鳥たちが最後の瞬間まで心穏やかに、不便なく暮らすためになにができるか。実例をまじえて解説していきます。『うちの鳥の老いじたく』で解説したことも、とても重要なことは角度を変え、より詳しく解説します。2冊の本をあわせて活用していただけたら幸いです。

細川博昭

もくじ

4章　昔の暮らしを取り戻す
～リハビリもその一助に～…85

5章　長生きさせる環境のつくりかた
～必要なことをどう補完するか～…113

chapter

1

老鳥の体をあらためて知る

～身体の機能が落ちるしくみ～

鳥の体だって老化します

「老い」は すべての生き物に

鳥は長寿です。また、青年期が長いので、長い期間、変わりのない姿やふるまいを見せてくれます。それでも、永遠には、そばにいてくれません。

生きているものは、みな老いていきます。それは避けられないこと。その事実に蓋《ふた》をして、あえて見ないようにすることは、ともに暮らす「命」に対する責任の放棄であるともいえると思います。

1・相手のことをちゃんと見て、気づいて、必要な対応をする。

2・目を背《そむ》けていたために重大な変化に気づかず、対応が遅れる。気づいても、きっと大丈夫と自分をごまかし、対応を先送りにする。

この2つのうちのどちらが、ともに暮らす鳥にとってよいことなのか、どちらがより後悔が少なくて済むかは、考えるまでもないでしょう。

愛している相手の死など考えたくはない。それは、とても自然な感情です。だれもがそう願うと思います。でも、たとえ目を背けていたとしても、相手の体の中で時計は確実に時を刻んでいきます。

最後の瞬間まで、鳥も人間も心豊かに、相手と心を交わし合って生きるためにも、たとえ見ることが苦しくても、ちゃんとその姿、様子を見つめ続けてください。

鳥の行動や顔つきを見て、これまでとちがう「なにか」に気づいてください。「老化」に対応するためにも、老化に抗ってともにいられる時間を最大限に引き延ばすためにも、「気づく」ことがとても大切です。気がついたことを「見なかったこと」にして、判断を先送りにしないでください。

鳥の老化の特徴を あらかじめ知っておく

鳥の老化に気づきにくいのは、老化がゆっくり進むこと、見えないところから進むこと、そして鳥自身も老化を気にしないという3

つの事実が大きく影響しています。

年をとった鳥がどんな姿になり、どんな振る舞いをするようになるのか、『うちの鳥の老いじたく』に具体的に書かせていただきました。できればこちらの本にも目を通して、老鳥の体や行動のどこにどんな徴候が現れるのか知っておいてほしいと願っています。

毎日見ているがゆえに、逆に、鳥の微細な変化に気づきにくいのもまた事実ですが、それでも「老化に気づきやすい時期」はあります。換羽が始まるタイミングや、その直前がそうです。

換羽は肝臓に大きな負担がかかる時期であり、疲れた肝臓、傷んだ肝臓は、異常な羽毛をつくったり、換羽が長引いたりするほか、食欲不振を招くこともあります。

どんな年齢の鳥にも注意が必要ですが、老鳥の換羽は何倍も注意をして見つめる必要があります。このタイミングで、必ずなにかが現れるからです。その変化に気づいてください。

心に留めたいこと

老化や、その先にある事実から目を逸らさず、ちゃんと鳥たちを見続けることで、病気や老化の症状に気づく可能性が高まります。現在の状況が把握できると、寄り添い方も工夫するようになります。それによって、

1・QOLが維持される
→その鳥の生活が豊かに
2・老化する速度を落とせる
→寿命を延ばせる可能性

ということが期待できます。

これからさらに年をとっていく鳥にとって、どういう環境が最適なのか、想像してみてください。飼育者のイマジネーション力が老鳥の生活を左右します。この点については、3章でもあらためて考えてみたいと思います。

加齢により病気になりやすくもなる

病気の確率はゆっくり上昇

鳥が病気になる確率は、老鳥の域に入ったとたん、急に上昇するわけではありません。ですので、老化の始まりに気づいても、過剰に心配する必要はありません。

それでも、加齢とともに、ゆるやかに「なりやすさ」が高まっていくのも確かなので、その事実だけは心に留めておいてください。

一方で、過剰な発情によるメスの卵詰まりや卵管脱、オスの精巣腫瘍《しゅよう》など、若い時期に発生しがちな病気は、老鳥では減る傾向があります。これは、少しだけ安心できる材料になります。

ただし、高齢になっても閉経しないのも鳥の特徴のひとつ。老鳥の域に入った鳥でも発情するケースが皆無というわけではなく、繁殖能力を維持している場合があります。オスも同様で、そうしたオスに精巣腫瘍が見つかった例も少ないですが実際にありました。

高齢のメスが思い出したように産卵体勢に入るケースもないとはいえないため、オス・メスともに、発情させない注意は、ゆるく継続してください。

老鳥の中後期

老鳥期の中盤から終盤にかけては、病気といえるもの、いえないものを含めて、老化が原因となった身体症状も複数出てきます。

ただ、その鳥にどんな症状が出るかはそのときになってみないとわからないため、初期の段階から

過剰な心配をする必要はないでしょう。

しっかりおぼえておきたいのは、人間がそうであるように、高齢になるにつれて腱や関節に不具合が出てくる事例が増えてくるということ。肩、股関節、膝、足の指に症状が出て、肩が上がらなくなったり、歩けなくなったりします。肩関節や肩を動かす腱に問題が生じた鳥は、やがて飛べなくなります。

ただ、そんな鳥の老後であるがゆえに安心なこともあります。

人間の場合、女性では特に高齢になると骨密度が落ちて骨折の危険が増えてくるのに対し、鳥ではこうした心配は基本的にいりません。鳥の骨は高齢になってももろくはならず、骨折がもとで寝たきりになる心配もありません。これは鳥のよい点といえるでしょう。

内臓や手足、指などの体の部分、部位を機械の部品に例えることがありますが、どんなにていねいに使っていたとしても、身体部品の老朽化――老化は進みます。

しかし、体のパーツは古くなったからといって、機械のように簡単に交換することはできません。白内障の手術で使う眼内レンズなど、人間ならばまだ交換が可能な例もありますが、鳥についてはほぼなにもできないのが現状です。

肝臓の老化

『うちの鳥の老いじたく』でも解説したように、鳥の肝臓は換羽や体の免疫機能において重要な役割を担う、生涯にわたって酷使される器官でもあります。そんな肝臓が老化することで、一定年齢を過ぎると免疫力も自然に落ちてきます。それによって起こる現象は多岐にわたります。それゆえに、肝臓に疾患のある鳥の老化は早く進むともいえます。

肥満が長く続いた鳥は肝臓も悪くなりがちで、動脈硬化などの血管障害も起こるようになります。脳血管の動脈硬化は、鳥の突然死の原因のひとつにもなっていると考えられています。

温度管理に気をつけて

老鳥に対して、飼い主が日ごろから特に気をつけなくてはならないのは温度管理で、年をとると若

いころには平気だった温度でも体調を崩すことが増えてきます。寒さはもちろん、暑さに対する耐性も落ちてきます。

それでも、飼い主がこの事実について必要な知識をもち、狭くなったその鳥の温度の対応範囲を把握して、寒すぎず暑すぎない環境を維持することで、温度に由来する老鳥の体調不良は大きく減らすことができます。

本書の5章では、特に寒い時期の保温法や保温の器具、緊急保温のしかたについても紹介しています。

老鳥が体調を崩した際には、急いで温めることが重要になる事態も想定されます。しっかり温めて緊急事態を回避するようにしてください。

できない治療も出てくる

老鳥になると若いころに比べて基礎体力が落ちますが、その事実は、もうひとつの側面をもちます。

それは、若いときなら「がん」などの病気において外科的な治療も可能なのに対し、老鳥の場合、全身麻酔は大きな負担となることから、手術ができないケースも出てくるということです。

手術自体は成功しても、麻酔から覚めずに亡くなってしまうリスクも高まります。

そのため、手術が必要な状況になったとき、鳥が専門の獣医師は、手術にどんな危険があるのか、完治する確率や再発の可能性などを説明し、手術をするかどうかの熟考を促します。

そういう状況になったら、じっくり相談して、どうするのがその鳥にとってベストなのか考えてください。

手術をした場合としない場合の生存期間のちがいや、手術そのもののリスク、手術が成功した場合、その後の生活がどう変わるかなど、十分な説明を受けてください。

動かなくなる体の部位とその理由

足腰が弱る

老化によって歩行が困難になったとき、「足腰が弱る」という言葉を使うことがあります。人間の場合、膝や股関節の痛み、可動域の減少などにより、歩くことに支障が出て、そのために歩くこと自体がおっくうになり、結果として筋力や筋肉の量が落ちて、さらに歩行が困難になる「負の循環」が起こることもよくあります。

鳥も、これと近い状態になります。股関節や膝の関節部の動きが悪くなるのはもちろん、かかとから指先が上手く動かなくなって歩行困難になったり、完全に動けなくなったりします。

歩行に支障が出るようになっても、がんばって好きな相手や好きな食べ物の近くに行こうとしたり、好きな遊びをするために必死で足を動かして移動しようとする鳥がいる一方で、思うように動けないからと動くことをあっさりあきらめたり、痛みが引くまで歩かないようにしようと思っているうちに足の状態がさらに悪化して、以前にも増して歩行が困難になってしまう鳥もいます。

こうした鳥も「足腰が弱った」

【鳥の、足、腰、肩が動かしにくくなる老化症状】

◎肩　→　肩関節や腱のトラブル　→飛べなくなる（ケージ内移動は可能）

◎足腰　→　股関節の動きが悪くなる　→歩きにくくなる、歩けなくなる
（気力があれば、それでも翼をつかって這いずる）

◎足指　→　腱の断裂があると指が動かなくなる　→とまり木生活は困難
（完全に止まれなくなるまでは止まりたいのが鳥の気持ち）
→　握力低下　→とまり木から落ちやすくなる
→　歩行も困難に

と表現することがあります。
最終的には、歩行のための筋力も低下していきます。

足の指が固定化する

鳥の場合、足の指が開いたまま、あるいは握ったままで動かなくなる状態になることもあります。

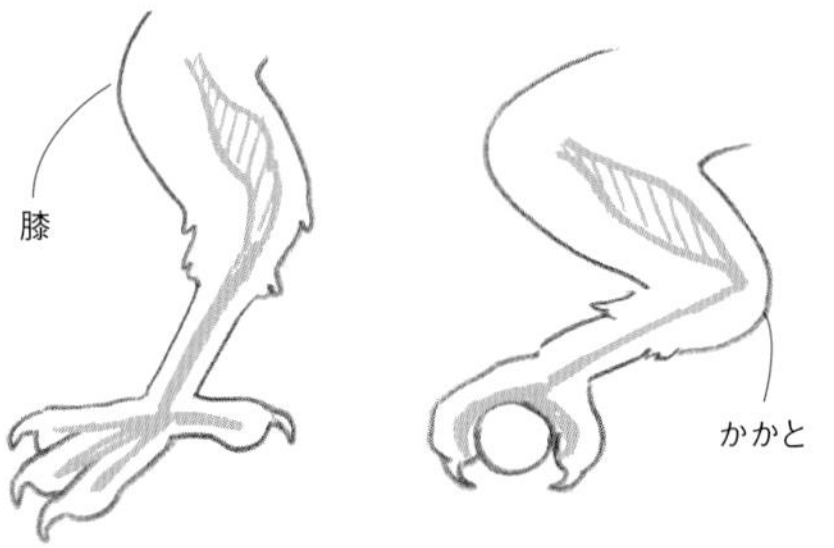

眠った鳥の足が枝をつかむしくみ。

鳥の足指は細い腱によって操作されています。大腿部は筋肉ですが、かかとから下は完全に腱になっていて、その腱を収縮させて指を握ったり開いたりしています。

指を動かす腱は2系統あって、足の甲の側の腱が収縮すると、指先が上に引っぱられるかたちで指が開き、足のうしろ側が収縮すると引っぱられるようにして指が閉じるかたちになっています。

樹上で休む鳥が夜間、眠っていても木から落ちないのは、かかとを落とすようにして眠ると、足裏側の腱が引っぱられて自動的に指がしまり、意識しなくても木の枝をぎゅっと握る状態になるためです。

その腱が切れたり、途中の関節部に引っかかりができるなどして動かなくなると、足指が開いたままか、閉じたままで固化してしまうことになります。

多くは「ぐー」のように握られたかたちで動かなくなります。腱はとても細いので、たとえＭＲＩを撮っても、腱の断裂部を見つけることはできません。仮に切れている部分やおかしくなっている場所がわかったとしても、現在の獣医療では整復手術は不可能です。

肩が上がらない

そしてもうひとつ。

人間でいう「肩が上がらない」状態に、鳥もなります。それが意味するのは、「飛べなくなる」ということです。

人間の場合、生活はしにくくなるものの、それで生命が脅かされることはありません。しかし、空を飛ぶ鳥の場合、肩の不具合は文字どおりの「死活問題」です。家庭で暮らす鳥はふだんから安全・安心な環境で暮らしているので、飛べなくなっても死の恐怖を強く感じたりはしませんが、本能的にその状態を鳥は恐れます。

肩関節に痛みを感じ、羽ばたいても上手く飛べないと感じた鳥は慎重になります。また、痛みが治まるまでは……と、一時的に飛ぶことを止めてしまうケースもあります。

すると肩関節の稼働がさらに悪くなって、多くの場合、完全に飛翔力を失うことに至ります。

鳥のもともとの性格にもよりますが、飛べなくなることで気持ちが沈んでしまう鳥もいます。もちろん、鳥はその状態を受け入れて、その状況のもとで生きていこうとします。それでも、失ったものの大きさから、溌剌《はつらつ》とした表情を失ってしまう鳥もいます。

こうしたケースにおいては、早い時期にリハビリを開始させることで少しだけ飛翔力を取り戻せるケースがあることがわかってきました。

そして、少しだけでも飛翔力を取り戻せた鳥は、あらためて生きる気力を取り戻す傾向があることもわかっています。

肩のリハビリについては4章にて、あらためて詳しく解説します。

肩が、上がらない……。

老鳥の肩と飛翔力

飛翔力をつくるもの

飛翔――空が飛べることは、鳥類がもつ大きな特徴でもあります。その「飛ぶ力」について、私たちは「翼」のみに注目しがちですが、「翼を動かす力」を生み出しているのは、実は「胸の筋肉」です。

大きな力を生み出す必要があることから、空を飛ぶ鳥では、全体重の約3分の1を胸の筋肉が占めているという報告もあります。

そんな鳥の胸の筋肉は上下二層になっていて、それぞれが翼上部の骨（上腕骨《じょうわんこつ》）のちがう場所とつながっています。

胸の表層にある厚く大きな筋肉「大胸筋（一般にムネ肉と呼ばれる筋肉）」は上腕骨の下側につき、収縮することで翼を打ち下ろしています。早く、高く飛び、力強く加速するために、この部位の筋肉が、鳥の体の中でもっとも重く、大きな筋肉となっています。

その下にあるのが「小胸筋（一般にささみと呼ばれる筋肉）」で、小胸筋から伸びる腱は肩の上を通るようにして上腕骨の上部につながっています。打ち下ろされた翼をふたたび上方に持ち上げているのがこの筋肉です。

小胸筋を収縮させて翼を持ち上げ、大胸筋を収縮させて翼を打ち下ろす。鳥は、この繰り返しによって空を飛んでいるわけです。

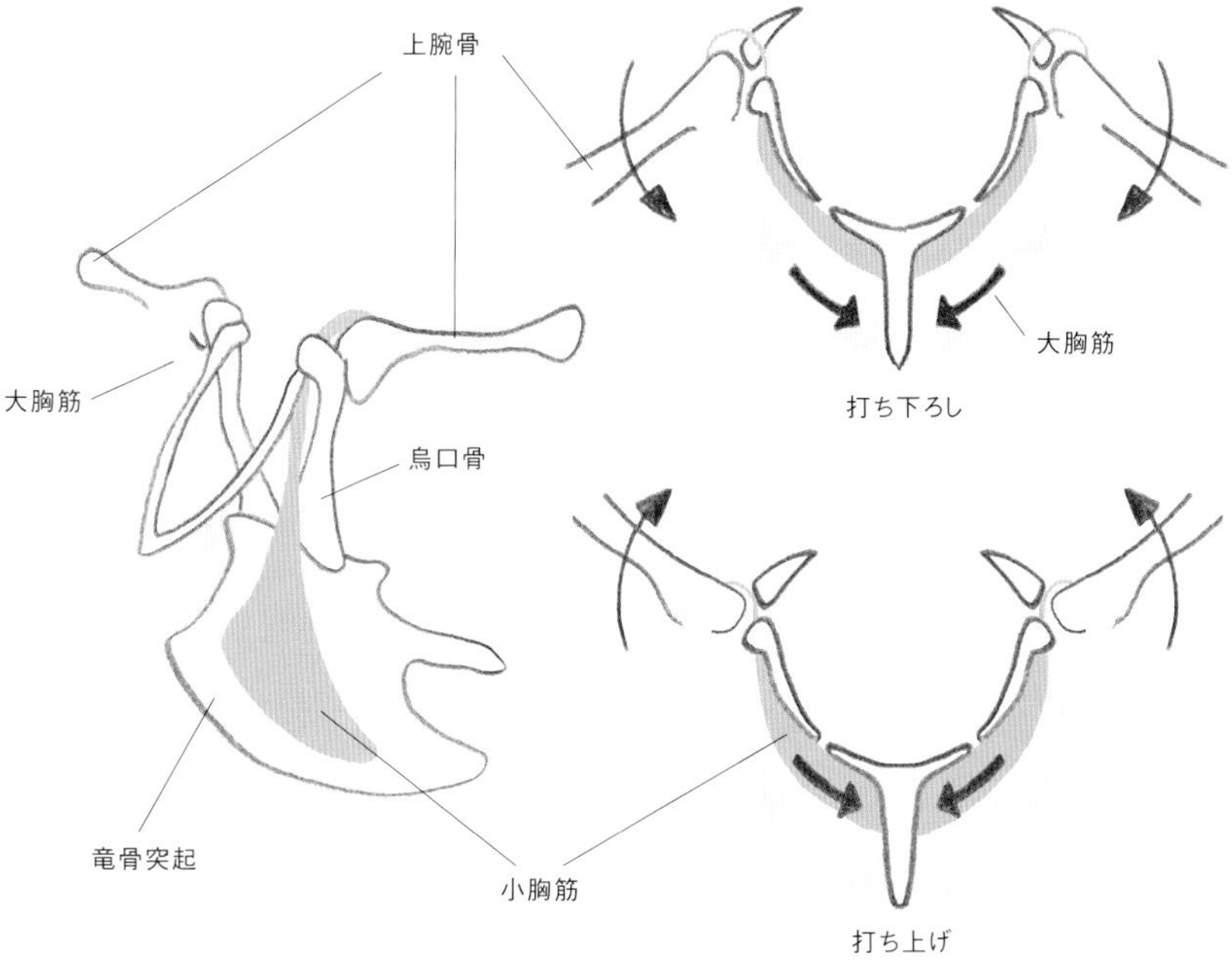

胸の外側の筋肉（大胸筋）が縮むと、翼は下に引っぱられ、打ち下ろされることになります。逆に胸の内側の筋肉（小胸筋）が縮むと、筋肉から伸び、肩の上を通る腱によって翼が持ち上がります。その繰り返しによって、鳥は飛翔しています。

この2つの筋肉と、それにつながる腱のうち、老化現象と強く結びついているのが小胸筋から伸びる腱です。加えて、骨と骨が接する肩の関節部分にも老化は訪れます。

余談になりますが、鳥の胸の筋肉は飛翔するための力を生み出す大事な源である一方で、非常時のエネルギー源にもなっています。

病気やケガで食べる量が減った鳥は痩せてきます。獣医師は鳥の胸をさわって「痩せましたね」と言います。

摂取する食べ物が減って体内のエネルギーが不足したとき、鳥はたくわえた胸の筋肉を分解して生きるためのエネルギーに換えているのです。

飛べなくなる理由

　上腕骨、烏口骨《うこうこつ》、肩甲骨が接する肩関節の部分に慢性的な炎症が起きたり、骨の変形によって腱がスムーズに動かなくなったり、本来なら骨の上を滑るように動く小胸筋から伸びる腱になんらかのトラブルが起こると、肩とそこにつながる翼が上手く動かなくなります。

　特に腱に問題が生じて上腕骨を上に引っぱることができなくなると、鳥は高く翼を上げることができなくなります。

肩の関節か腱に問題が起きた鳥は、羽ばたいても上手く飛べなくなります。

　人間の四十肩や五十肩のように、肩の接合部の炎症から、関節の動きに引っかかりがでたり、関節の可動範囲が狭まるなどして、スムーズな動きができなくなることもあります。

　若く健康な鳥では、まっすぐ上方に持ち上げた両翼が並行になるか、それ以上の角度となって、頭上で翼が触れあうほどになりますが、肩の老化が進んだ鳥では、先のような理由から、それができなくなります。

　その結果として、羽ばたいても翼は前方や上方に進むための十分な揚力（飛翔力）を生み出すことができなくなります。

　つまり、「飛べなく」なります。

一度飛べなくなると恐怖が生まれる

強く羽ばたくと痛みがある場合、少し翼を休めようとするのも自然な反応です。しかし、使わないあいだに関節の可動部がさらに狭まってしまうこともよくあること。

痛みが減ったので飛んでみようとしたとき、前にも上にも上手く進むことができず、ぼとっ、と床に落ちてしまうような状況になると、鳥は飛ぶことが怖くなります。

人間の家庭にいるかぎり、たとえ飛べなくなっても敵に襲われて殺される可能性は低いですが、飛ぶことのできない翼では、高い場所から落ちるだけで大怪我や死の危険が生じるからです。

飛べなくはなったけれど、落ちて死ぬよりはましと、頭ではなく、鳥の本能が告げます。飛ぶのは危険→飛ぶことをやめる、と鳥は判断します。

そして、「飛べない」という事実を頭でも受け入れた鳥は、飛ぼうとしなくなります。

もとより鳥は、飛翔を続けることよりも地上に降りることの方がたいへんであることを知っています。翼を使って制動（ブレーキ）をかけないと、重力に引かれて地面に近づくほど速度が上がってしまうからです。

つまり、飛べない翼では、いずれ落ちて死ぬと思うわけです。

何度か飛んでみて、上手く飛べなかったり、安全に地上に降りられなかったりしたことは、「恐怖」となって鳥の心に刷り込まれます。

大きな恐怖であるがゆえに、数カ月飛べないだけで鳥は飛ぶことを完全にあきらめ、飛ぶ努力をしなくなります。

これが翼（肩）に問題が生じた老鳥が飛ばなくなる、物理的、心理的な理由です。

膝関節や股関節、足指のトラブル

足腰の老化と病気

老鳥になると、歩くことが不自由になる鳥も出てきます。

それには、筋力低下や慢性疲労など、内的、外的、さまざまな要因がありますが、股関節、膝関節、かかと（ふしょ）、足指などの骨や腱に関わる部位に起こる老化の症状が、老鳥から歩行する能力を奪っていく事例も多く見られます。

歩行が難しくなる原因は、関節部の炎症や靭帯の石灰化、変形性関節症など、人間と同様、さまざまですが、痛みを取る治療しかできないことも多く、完治を目指した根本的な治療ができないケースがほとんどです。

また、歩行以外の問題として、筋力の低下などから、とまり木に上がれない、とまり木に上がりにくくなった、という状況もあります。足指が動かなくなり、とまり木をグリップすることができなくなって、とまり木の上にいることが難しくなる鳥もいます。

血流の低下が組織を劣化

足や、足指のこうした症状につ

いては、これまで「老化」のひとことで片づけられ、原因について深く掘り下げられることがあまりありませんでしたが、最近になって、毛細血管に十分な血液が届けられないと、その部位の老化、劣化が進むことがわかってきました。こうした理解も、鳥の臨床医療が進んだおかげです。

　肥満、運動不足などにより血液循環が悪化すると、毛細血管のすみずみにまで十分な血液が届かない状態になり、その結果、腱、筋肉の老化が早まることが獣医師から指摘されています。特に足先などの末梢は、影響を受けやすいという報告もあります。

　この事実が示すことは、ずっとケージの中にいるのではなく、毎日少しでも外に出て、歩いたり飛んだりして血液循環をよくすることで、多少なりとも、歩けなくなる、飛べなくなるというかたちの老化を遅らせる可能性があるということです。

　もちろん歩行は、心肺機能の維持にもプラスに働きます。

歩けなくなる状況

　鳥が歩けなくなる状況は、大きく2つのケースが想定されます。

　ひとつは、どこかの部位が物理的に動かなくなった（動きにくくなった）ことによる歩行困難。もうひとつが、「痛み」による歩行困難です。この2つが同時に起こる例も少なくありません。可動域が減った状態で動こうとすると、痛みが出るのがふつうだからです。

　関節の老化により可動域がわずかに減っただけで、鳥の歩行は見なれたものではなくなります。歩く姿を毎日見ている飼い主には、股関節から下の脚部に問題が起きたことは即時にわかるはずです。

　また、言葉では微妙な状況を解説するのが難しいのですが、毎日見ている鳥については、上手く動かないだけなのか、どこかに痛む場所があるのか、察知できる人も多いと思います。動きが悪い場合は、かすかに引きずるような印象を受けるのに対し、痛みがあるケースでは、痛みがある足の接地時間を短くしたり、痛む部位に体重がかかりにくい工夫をして歩く様子が見られるからです。

　自分自身が、膝や足裏や足指や股関節に痛みがある状態を思い浮かべながらその様子をじっくり見ると、どこが痛いのかもわかってくるのではないかと思います。

脚部に痛みのある鳥も、ふわふわのタオルの上ならすごしやすいはずです。

　また、痛みの強さを、立ち止まったときの様子からもうかがい知ることが可能な場合があります。

「とても痛い」とき、鳥は寒さに耐えるようにその足を持ち上げ、腹部の羽毛内に収納する様子がよく見られます。その様子は、「接地させていられないほど痛い」という信号、声なき悲鳴です。

　両足に痛みがあると、なるべく歩かないようにという意思も見えます。どうしても歩かないといけない場合は、片方ずつ順番にかばう様子がよく見られます。

　そうした鳥では、やわらかい、ふわふわの素材のタオルの上などにいると痛みが軽減されることがあります。硬い床やテーブルの上よりずっと負担が少ないので、足に痛みのある鳥については「硬くない床」にいてもらう方が、飼い主としても安心です。

　なお、鳥が痛みを感じていることがわかった場合は、すみやかに鳥の専門医のいる病院に連れて行って診察を受け、対応を聞いてください。老鳥はもちろん、すべての年代の鳥にとって、体に痛みがあるのはふつうの状態ではなく、原因を調べて対処をする必要があります。

　また、体に痛みのある鳥は一般に、食欲が落ちて体重を落とす傾向がありますから、体調維持のためにも痛みを止める処置や薬の処方は早いほうがより安心です。

足指が動かない弊害

　足の指が動かなくなっても、地

上性のニワトリやウズラでは、歩きにくくはなるものの生活が大きく変わったりはしません。しかし、樹上生活をする鳥にとって足指の不具合はまさに死活問題。生活が一変してしまう例が多くあります。

足の指が動かない（動かなくなる）理由は、おもに次の5点です。

1・先天的な異常で指が曲がっている（親が産んだ卵の栄養不足ほか）

2・事故による腱や筋肉の断裂

3・老化による腱の硬化や断裂

4・筋力の低下により、全身の運動機能が落ちる

5・足裏の細菌感染などにより生じた繊維状の組織が腱にからまり、固定化。結果、指が動かなくなる

老鳥に見られるのは主として3と4ですが、老化により低下した免疫の隙を突くように常在菌が足裏から浸入してたこができ、さらに深部にまで病巣で広がって、関節周囲やその近くを通る腱を巻き込むように特殊な繊維ができ、腱が動かなくなって、腱としての機能を失ってしまう例もあります。

筆者の家のオカメインコも、この症状により両足のうしろ側の指が伸びたまま動かなくなりました。

症状は2〜5日ほどで一気に進み、あっと言う間に指が動かなくなることもあります。問題を起こした菌に効く抗生剤の早期の投与が解決策になるので、こうしたケースでも、すみやかに病院に連れて行ってください。そうしないと、一生指が動かなくなります。

ただ、例外的にリハビリで指が動くようになるケースもありました。その事例と、行った対処については4章にて報告します。

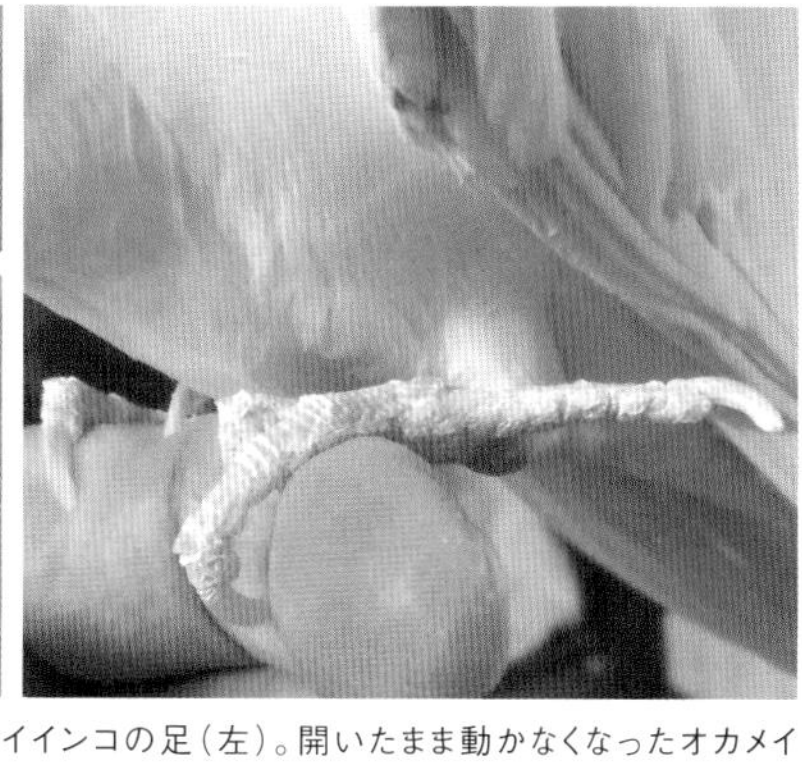

「ぐー」に握られた状態のセキセイインコの足（左）。開いたまま動かなくなったオカメインコの足指（右）。

体の内的要因がつくる老鳥の不調

肝臓を守る

肥満は健康を損なう。寿命を縮める可能性がある。メタボリックシンドロームは回避したい——。人間の医療現場でそうした言葉が聞かれるようになって、だいぶ経ちます。鳥についても、肥満がさまざまな身体トラブルを引き起こすことがわかり、適正体重で飼育することを求める指導が行われるようになってきました。

しかし、鳥の方がより短期で深刻な状況になるという情報はまだ十分浸透していません。太った状態が続くことで、もともともっている寿命を縮める可能性が高いことも、十分には知られていません。

肥満の状態が数年間も続いた鳥は、高脂血症、高コレステロール血症にもなります。当然、脂肪肝にもなり、肝機能が低下するだけでなく、動脈硬化などの血管障害を起こします。鳥の動脈硬化の進行は人間の数倍の速度で進むうえに、脳内の血管でも起こり、それが飼い主にとって想定外の死につながるケースさえあります。

重ねて書きますが、若い時期の肥満は鳥の老化を早めます。それは知っておいてほしいことです。

老鳥が感じる不調

※(　)内は考えられる、その要因

だるい/少し動いただけで疲れる　(体力低下、肝機能低下も)

体に力が入らない　(筋力低下、ほか)

体に動かない部位がある　(腱、関節の老化、ほか)

体に痛む部分がある　(炎症、ほか)

食べたいのに食べられない。食欲がない　(消化器官の老化、ほか)

肝臓が要因となる老化現象

老化した鳥の身体症状を前ページの下段にまとめてみました。

下に掲載したのは『うちの鳥の老いじたく』でも紹介した、身体に見られる鳥の老化のうちの、肝臓に関係する部分です。

ほかに、疲れやすくなったり、だるさから動くことがおっくうになったり、自身の意思とは無関係に、日中もよく寝るようになるなどの状況にも至ります。こうしたことからも、肝機能の低下と老化が切っても切れない関係にあることがわかると思います。

肝臓という臓器が機能低下することで、一定年齢を過ぎると免疫力も自然に落ちてきますが、肝疾患のない鳥の場合、それはゆるやかな変化で、年齢が上がったからといって、いきなり病気になりやすい状態になるわけではありません。一方で、肝臓が傷んでいると、より早期にさまざまな症状が出てくるようになります。

老鳥になっても元気ですごさせるために、若い時期から太らせない努力をすることが重要です。

また、パニックにより風切羽がひんぱんに抜けてしまうオカメインコなどの場合、なんとかパニックを抑える工夫もしてあげてください。短期間に何度も大きな羽毛が抜けて生えかわると、本来なら少し休憩できるはずの時期にも肝臓が休むことができず、肝臓内の疲労を溜めることになってしまいます。

肝機能の低下により、老鳥の体に見られる変化

[羽毛]

- 換羽のペースが乱れる
- 換羽が長引くようになる
- きれいに羽毛が揃わなくなる
- 羽艶が悪くなる
- 羽毛の色が変化する

[クチバシ]

- クチバシ表面がガサガサに
- クチバシが伸びたり変形したりする
- クチバシに出血斑が出る

[足]

- 爪が伸びやすくなる、もろくなる

老鳥の体重減少

体重が落ちるのも老化現象

肥満になるのも、肥満が問題視されるのも、たいていが若鳥～青年期の鳥。老鳥において、太った個体を見ることはほとんどありません。多くの鳥は老鳥になると自然に食欲が落ち、体重が減少する傾向があるためです。

若い時期からずっと食欲旺盛で、あればあるだけ食べるため、獣医師から「食餌制限をしてください」といわれ、毎日決まった量を与えていた鳥なのに、いつのまにか与えた食べ物を残すようになった……、という経験をもつ方も増えてきているかもしれません。うちのオカメインコ（メス、25歳以上）もそうでした。

食欲が落ちる理由

鳥の老化は一般に、羽毛の様子や挙動などから気づきますが、外見にはっきりとした「老化」の徴候が見えるころには、体の中の消化器官においても相応の老化が始まっています。

具体的に言うなら、加齢にともなって消化能力が落ちていきます。そのため、その鳥の意思とは無関係に、1日に食べる量が減ってきて、その結果、体重が落ちることになります。それは、老鳥によく見られる変化です。

1年に1～2パーセントのペースでゆっくり体重が落ちたり、少し落ちたところでいったん安定し、数カ月から1年ほど経ったところでまたさらに少し落ちるといった体重変化は、ある意味、自然なことです。なので、あまり心配する必要はありません。

そうではなく、ある日、突然、目に見えて食べなくなり、体重が落ちたという場合は、病気も疑われるので、鳥が専門の獣医師に原因を調べてもらい、適切な対処をしてください。

また、『うちの鳥の老いじたく』でも解説したように、老鳥の体は急な温度変化や、いつもより数度低いだけの温度にも対応することが難しくなってきます。冷たい風に当たって少し体が冷えただけで食欲がなくなったり、吐き気をおぼえて食べ物を口にしなくなる鳥もいます。原因が「冷え」にあることがはっきりしている場合、まずはしっかり保温をしつつ、獣医師の診察を受けてください。

菜摘（25歳以上）。約15年食餌制限をしてきましたが、今は自由に食べてもらっています。現在の体重は、就寝前でおよそ100グラムです。

体重減少は放置しないで

消化機能が落ちてくるということは、裏を返せば、「簡単には太れなくなった」ことを意味します。なんらかの理由で体重を落とした老鳥が元の体重まで戻すのは至難であることも多く、より低いレベルにまでしか体重が戻らないこともあります。

老鳥の体重が減少傾向にある場合、その後も長く健康に暮らしてもらうためには、落ちる体重になんとかして歯止めをかける必要があります。あらゆる生物には、生命を維持できる最低体重というものがあります。そこに至るタイミングを少しでも遅くすることも、老鳥の寿命を縮めないための飼い主の義務といえるかもしれません。

といっても、食欲が落ち、一度に食べられる量が減ってきた老鳥に食べてもらうのは、かなりの至難。飼い主にできることはそんなに多くはありません。

若い時期から、その鳥が好きなものを把握しておいて、その鳥が食べたい気になるものを適度に与える。若いころに制限していた高カロリーのものに対し、食べたい意思を示すようなら、栄養バランスを考慮したうえで与えてみるのも手です。そうしたものを一口食べるだけで、いつもより食が進むケースも多いからです。あとは、その鳥が食事する際には若いとき以上にそばにいて、いっしょに食べる時間を増やしてあげること。そんなところでしょうか。

五感はどう老化していく？

見た目でわかるのは目

生活の中で鳥がもっとも利用している感覚は視覚です。目で見て、瞬時にさまざまな判断をしているからこそ、鳥は自在に飛ぶことができます。

まわりの状況を判断するのも目。食べ物かどうか、そしてそれが食べごろかどうかを判断するのも目。求愛してくる異性が十分魅力的かどうか判断するのも目です。

それでも鳥にとっては酷使というわけではなく、ごくふつうの生活の中に目を悪くする要因はありありません。それでも白内障になるのは、遺伝的に白内障になりやすい家系があって、そうした鳥では、どこかの時期に白内障を発症する例が多いようです。なかには、ごく若い時期から白内障の症状が出てくるケースもあります。

人間の場合、70代～80代になると、程度の差はありますが、多くが加齢性の白内障になります。鳥も老化により白内障を発症する例が増えてきますが、死ぬまでよく見えている鳥も多いことから、割合としては人間よりは多くないようです。

なお、人間のような手術はできないため、一度、白内障になると元には戻りません。病気の進行を遅らせる点眼薬はありますが、すべての鳥に対して有効というわけではなく、効果があった鳥でも長い期間のうちには病気が進行し、徐々に視力が失われていくことになります。

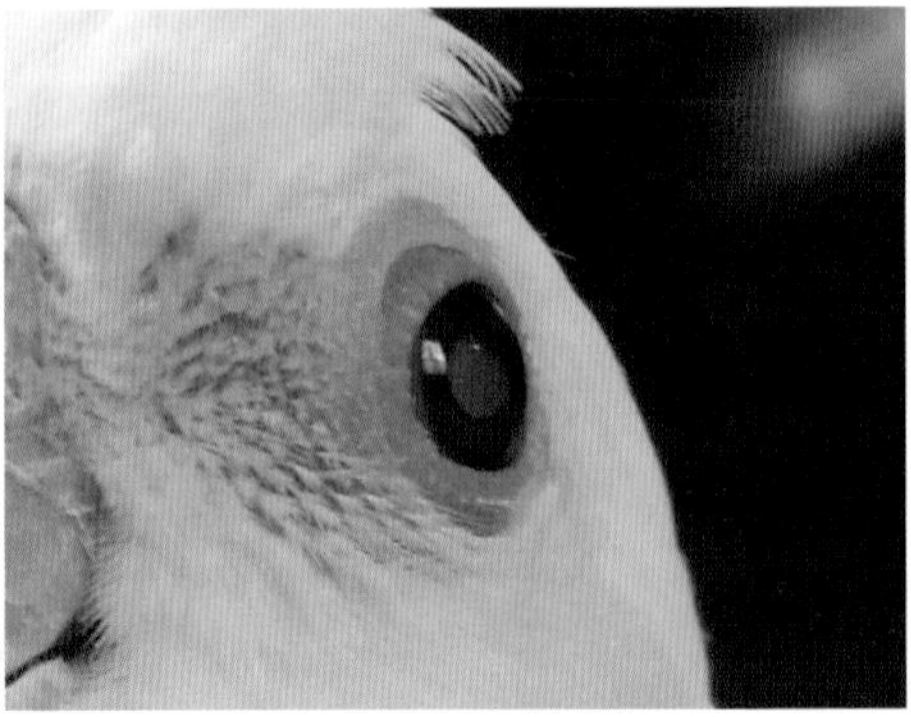

白内障の目。こちら側は視力を失っています。

また、あまり多くはありませんが、眼球表面にできた傷から細菌が目の中に浸入して起こる「眼内炎」を発症する鳥もいます。

眼内炎の場合、早く病気がわかって即座に抗菌薬を使った治療を始めたとしても、視力がもとのレベルにまで回復することはまれです。完全な失明状態を免れた場合でも、かなり「見えにくい」状態で残りの鳥生をすごすことになりますので、目の異常に気づいたときは、いずれも早めに鳥専門医のもとで診察を受けてください。

ほかの五感は？

鳥の場合、耳の中の音を捉える細胞（有毛細胞《ゆうもうさいぼう》）は再生するため、鳥は人間のように老人性の難聴にはなりません。ただ、かなり高齢になると脳の反応速度は落ちてきますので、それによって反応が遅くなることはあります。聞こえているはずなのに反応が遅くなったと感じたら、それは耳ではなく脳のせいかもしれません。

味覚や嗅覚は、老鳥になっても大きく変化はしないと予想もされますが、実際にどうなのかよくわかっていません。鳥の味覚や嗅覚についての研究はあまり進んでいないのが現状です。今後の研究に期待したいと思います。

触覚も死ぬまで残ると考えられています。寿命が近づいた鳥でも、なでられて気持ちよさを感じることができます。

ただ、人間同様、気温を感じ取る皮膚感覚は落ちるかもしれません。人間の場合、高齢者は暑さ寒さを感じにくくなるといわれますが、ヒーターを入れるまで、自分が寒かったことを自覚しない鳥もいるからです。

しばらくしてから飼い主から呼ばれたことに気づく鳥。

脳も老化する？

鳥の脳の老化のしかた

「鳥の脳も老化するの？」という問いがあります。

答えはもちろん「イエス」なのですが、哺乳類とおなじようになるかと問われたなら、回答は「ノー」です。

「反応が遅くなる」という点では「イエス」。「認知症的な様子を見せるか？」という点については「ノー」です。哺乳類のように脳が萎縮するような報告は今のところ鳥類にはありません。

鳥がどんなときにどんな行動をするかは、その鳥によってちがっていますが（個性がでますが）、年齢が上がったとしても、ある鳥の判断基準の基本は変わりません。行動も一定であり、だいたいは若いときのままです。

老鳥になってから気持ちが弱くなり、人間フレンドリーな性格に変わったとしても、基本的な思考の基準に大きな変化はありません。行動を決める脳活動は大きく変化しないと思ってください。

ただ、老鳥になってからかなりの時間が経ち、残り寿命が気になるくらいの歳になると、鳥の脳も反応は落ちます。素早く的確な判断ができなくなってきます。

老化の症状には「次」がある

負の連鎖を絶つ

「老化」は単独の症状として起こるだけでなく、たいていの場合、次の状況や症状へとつながっていきます。つまり、ある部位のある老化が、別の不具合を呼ぶ可能性があります。人間を含めた生物の老化に関して、これがいちばん理解されていない点かもしれません。

もっともイメージしやすい例としては、足腰が弱った鳥が食べ物が置かれた場所まで行きたいのになかなか行けず、食べたい気持ちに反して食べられなくなり、痩せ、結果的に飢餓状態になって弱る、ということがあります。

また、一部のインコ類は、自身の指の爪を鼻の穴に差し入れて掃除をし、鼻の通りをよくしていますが、足が上がらなくなった鳥はそれができなくなり、結果的に食べ物のカスや固まった鼻水の成分が溜まって鼻づまりを起こすことがあります。鼻呼吸ができなくなるだけでなく、鼻道の炎症を起こす例もあります。

数回、生理食塩水を点鼻して吸引器で吸い出せばきれいになりますが、吸引器は一般家庭にはありません。病院に連れて行って掃除をしてもらう必要があります。

このように、老化現象には「負の連鎖」を起こすものもあることを知ってください。老化が見え始めたとき、人間が適切な対応をしないと、まだまだ生きられる可能性のある鳥の未来を閉ざしてしまうかもしれません。

それは、その鳥はもちろん、ともに暮らす人間にとっても悲しい

鼻の穴に指を差し込んで掃除がしたいのに足が上がらないために、それができない鳥。

ことであり、不幸なことです。

心変わりがその鳥を救う

これまであまり人に馴れていなかった鳥が、老鳥になったとたん、急に人間に接近し、フレンドリーな態度を見せるようになる例があることを、『うちの鳥の老いじたく』でも紹介しました。

鳥は未来を予想しませんが、なにかがあったとき、だれかがいてくれた方が生き延びやすくなることは漠然と理解します。つがいの相手のように自分を扱ってくれる相手なら、より安心です。

自覚した自身の体の老化の不安は、重篤な病気になったときの不安にも似ています。そのため、「頼るべきは家にいる人間」と確信した鳥の中には、人間との距離をみずから大きく縮めるという、これまでとは正反対の態度を見せるものも出てくるわけです。

しかし、逆にそれは、飼い主にとって大きな喜びであり、安心材料になります。理由はどうあれ、仲よくしたかった相手がやっと自分に心を開き、必要なケアをすることを許してくれるわけですから。

最初は不安から人間に近づいた鳥も、やがてそこに生まれるスキンシップの心地よさに気づきます。人間が向けてくれる愛情も、「悪くない」と思い、新しい喜びに気づくこともあるでしょう。

それは、その鳥の心の安定度を増します。結果的に、その鳥のアンチエイジングにつながっていきます。同時にそれは、飼育者がその鳥をこれまで以上に近い距離から観察することにもつながります。つまり、なにかあった際、次の手も打ちやすくなるということです。

見えた老化の結果を考える習慣をつけよう

あらためてまとめると、

1・身体が不自由になる老化現象には、それがもたらす続きがある
2・人間が必要な手段を講じることで、鳥の不便を減らし、健康を維持する手助けができる
3・逆に、それができないと死期を早める可能性がある

ということ。

こうした流れをおぼえておいてほしいと思います。

老鳥が調子を崩しやすいのは冬と換羽時

体調が崩れやすい時期

鳥は人間よりもずっと高い、約42度の体温を維持して生きています。断熱効果のある羽毛は、体温を維持するための大きな要です。

しかし、老鳥になって完全な羽毛の形成が困難になってくると、肝心の断熱効果も落ちてきます。外側の羽毛（正羽）はあまり変わりがなくても、皮膚と正羽のあいだにある綿羽（ダウン）の量が減ったり質が落ちると、鳥は体温の維持がしにくくなります。そうでなくても老化が進んだ鳥は、体の中で熱を生み出す機構も弱ってきます。

夏場も熱中症の危険はありますが、もっとも注意すべきは、気温が下がった冬場の換羽。一年でもっとも鳥の体に負担がかかる時期でもあるため、それなりに部屋を温めていたとしても、老鳥には大きなダメージになることもあります。

その鳥がなんらかの病気をもっている場合、冬の換羽時は悪化しやすくなります。また、寒さストレスで肝臓への負担が高まると、どこにでもいる常在菌が感染症を引き起こすこともあります。

水浴びは減らす

ブンチョウなどフィンチ類の多くは、水温が下がる冬場になっても水浴びをしたがる傾向があります。水浴び後、体調を崩すことがあったなら、フィンチ老鳥に対しては少し制限することを考えたほうがいいでしょう。どうしてもと本鳥が強く希望する場合、水道からの冷水ではなく、室温にまで温めた水で水浴びさせてください。

コラム

性格による老化の差

鳥の個性の幅はとても広く、年をとって、歩きにくい、上手く飛べない……という状況になったときも、その受け止め方は個体によって大きくちがっています。

痛みや動きにくさを感じても、自分の興味の対象に向かっていったり、飼い主との遊びに熱中しているうちに、体の痛みや不具合を感じにくくなる傾向のある鳥は、そうした日々の行動、活動が自然なかたちのリハビリにつながって、最終的には歩いたり飛んだりできる時間が長くなる傾向があるようです。

ただ、そうした鳥は、安静が義務づけられる症状でも動いてしまい、状態を悪化させることもあるので、そうした状況のときは、人間がほかの鳥と遊んでいるところを見せない、ケージから出さない、出しても撫でること中心で、飛んだり走ったりさせないなどの注意が必要ですが。

逆に、痛みがあるため動かない鳥や、ケガを恐れるあまりケージに引きこもってしまうタイプの鳥は、わずかでもその部位を動かしたほうがいい時期まで安静にしてしまい、その結果、ほんの少し運動をしていればまだまだ活動できたはずなのに、その後、飛べなくなったり、歩けなくなったりした事例があります。

こういう鳥に対しては、本人がおっくうな顔をしたとしても、少し外に出して、無理のない範囲で体を動かすように促す必要があります。

いずれにしても、体の状態と鳥の性格を見きわめて、飼い主がなるべく正しいと思える判断をする必要があるように思います。

chapter

2

鳥の体、鳥の行動のどこを見る？

～老化の対策は、まず気づくこと～

老鳥の体調を「見る」とは？

「見る」こととは、「変化」に気づくこと

体調管理のしかたは、若い鳥でも老鳥でも基本はおなじです。

歩き方や飛び方などの行動に、いつもとちがうところはないか、羽毛状態はどうか。姿勢はどうか。フンはいつもと変わりがないか。

そして、地肌が見えている足（かかと〜指先）と、おなじく羽毛におおわれていないクチバシ、目を見ます。見なれたこうした部分も、ただなんとなく眺めるのではなく、注意深く見つめたなら、少しの変化にも気づけるはずです。

足の裏も、できれば定期的に見てください。「たこ」などはできていないか、あった場合、痛みや発熱の徴候はないか。指に止まらせた際、鳥が眠くなったときよりもかなり熱く感じられたら、細菌感染などが起きているかもしれません。

そんなことも含め、昨日とちがうところがないか、しっかり見て、気づいてください。

声の出し方はいつもとおなじか、呼吸はふつうか、喉や肺から異音は聞こえていないか、咳やくしゃみをしていないか、なども大事なチェックポイントです。

呼吸に関しては、ケージ内の暮らしを中心とした「安静時」だけでなく、放鳥中、文字どおり「飛んだ」あとや、地上を走ったあとも注意して観察してください。老鳥には、「息切れ」の症状が見られることがあります。

その場合、肺や気嚢に問題が生

じていたり、心肺機能自体が衰えている可能性があります。

咳に関しては、昼間は静かでも、就寝している夜間に聞こえてくることもあるので、夜間の寝息にも注意をしてください。

これは若い鳥にもいえることで、例えばオウム病に罹患した鳥では、ほかの症状が出る前に夜間の咳からこの病気の可能性がわかり、直後の遺伝子検査で病気が確定されたケースも実際にありました。

老人と老鳥のちがいと共通点

鳥も二足歩行の生物ですが、人間のような重い頭はもたず、鳥の頸椎《けいつい》と首の筋肉は人間よりもずっと強靭なため、頭が重い、首が凝る、首が回らないなどの症状は、基本的にありません。

まっすぐ上を向いた直立ではないので、腰にも人間ほどの負担はかかりません。

ただし、骨軟化症《こつなんかしょう》になると、足や脊椎の骨に異常が起こります。発情過多でカルシウムの摂取が不足した状態で卵をつくり続け、なおかつ日光浴不足でビタミンD_3が不足したメスでは、腰椎付近の脊椎下部の骨が変形して、「腰が曲がった」ような状態にもなります。

幼鳥や若鳥、人間の幼児の骨軟化症は、一般に「くる病」と呼ばれます。原因はおなじですが、脛足根骨《けいそくこんこつ》湾曲や大腿骨の変形により、歩行に異常が見られるようになるほか、若鳥では飛翔に関わる骨に変形が出て飛べなくなることもあります。

そんな体になり、行動が不自由になっても産卵を続けようとする鳥も少なくなく、そうした鳥に対しては、人間が物理的に発情を止める必要があります。この病気は進行するので、早期に手を打たないとさらに悪化し、老化も早まって、かなり早く寿命を迎えることになってしまいます。

注意して見るべきポイント

［目］

・白内障の発症

・アイリングの色が薄くなる、など
（アイリングのある種のみ）

足を引きずるなど、
歩行に支障も。

[クチバシ]
・クチバシの色が悪くなる
・クチバシの表面がガサガサになる
・クチバシが伸びたり変形したりする

[羽毛]
・換羽《かんう》のペースが乱れる
・換羽が長引くようになる
・きれいに羽毛が揃わなくなる
・羽艶《はつや》が悪くなる
・羽毛の色が変化する

[足:表面、関節]
・足や足指の関節などに変形が見られる
・足指のグリップ力が弱くなる
・爪が伸びやすくなる
・足表面のウロコが硬くなる、伸びる
・立ち止まったとき、かかとをつくようになる

老化や体の変化を確認する方法

状態を知るためのポイント

左ページの上段に、鳥の状態を知るためのポイントをまとめてみました。これは、老鳥の体や健康状態を確認するためのものですが、若鳥のふだんの健康チェックにも、そのまま利用することができます。先にも書いたとおり、健康・体調管理のしかたは若い鳥でも老鳥でも基本は変わりません。

さらに、もう1点。「体重管理」も継続してほしいと思います。高齢になると肥満はほとんどなくなりますが、急激な体重減少があった場合、それはなんらかの不調のサインだからです。何歳になっても、日々の体重測定は必要です。

大事な点を抽出

ここからは、高齢の鳥において注意して見たい点を、少し具体的に解説していきましょう。

【1】体勢の変化

人間が高齢になると、腰や背中が丸くなって、すっと直立した姿勢を維持するのがたいへんになってきます。脊椎の圧迫骨折などにより、背が縮むケースもあります。

祖先の恐竜とおなじく、多くの鳥はふだんから前傾ぎみなので、老鳥の域に入ってもあまり姿勢は変わりません。しかし、足の筋力の低下や、伸びたまま戻らない靭帯が増えてくることなどにより、体の重心が低くなってきます。

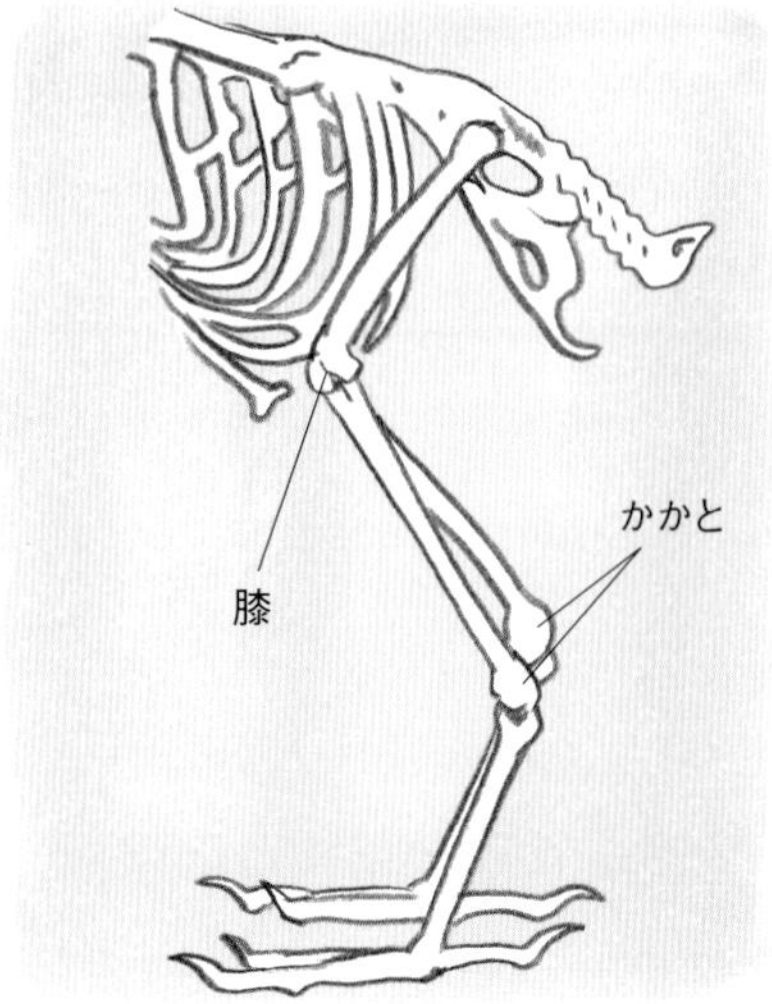

詳細なチェックポイント：異常がないか確認してください

- 歩き方は？
- 飛び方は？
- 羽毛は？
- クチバシは？
- 目は？
- フンの状態は？
- 足の表面は？
- 足の指は？
- 足の裏はきれい？
- 足指の握力はある？
- 姿勢は？
- かかとはつかない？
- 声は？
- 呼吸はふつう？
- 喉や肺から異音は聞こえていない？
- 咳やクシャミはしていない？
- 不機嫌ではない？
- ぼんやりしていない？

卵を抱いているとき、鳥は身を低くしていますが、老鳥になると、本人（本鳥）がそうしようと思っていないにも関わらず、体が沈んでくる鳥も増えてきます。

右ページの骨格の図からもわかるように、鳥の膝は肋骨に接する位置、翼の下の外からは見えない場所にあります。そこから斜め後方に伸びて、体の後方で鋭角に曲がって指に続く部分につながるのが「踵（かかと）」です。下の写真で○で囲んだ部分がかかとです。

健康な鳥では、かかとは地面から高い位置にありますが、筋力や体を支える靱帯の力が弱くなると、この部分が下がってきます。

さらに、足指や足裏に痛みがある鳥では、痛い患部が地面につかないように、かかとで体を支えよ

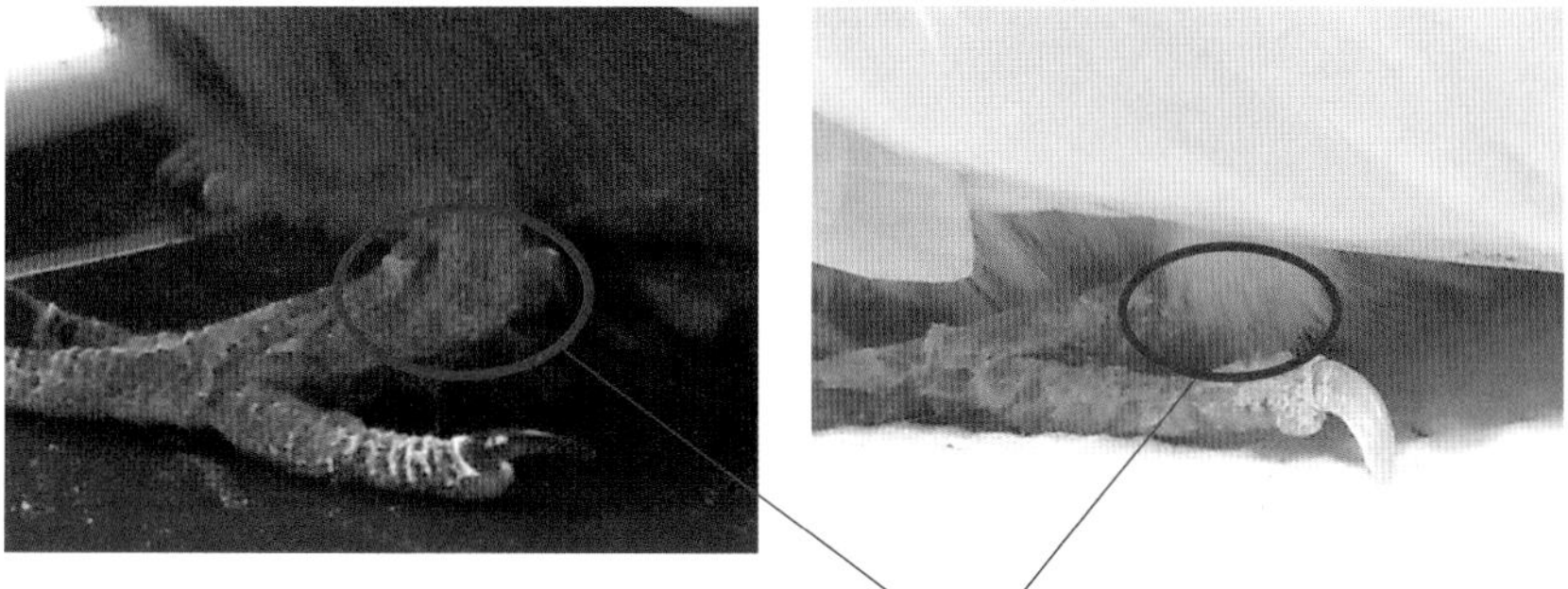

右はかかとがつきそうな鳥、左はかかとの位置が高い鳥。

かかと

うとします。こうした症状においては、体重の大部分がかかとにかかっている鳥も見受けられます。

インコ類では、かかとが地につくような低い姿勢になる「くせ」があってそうしている鳥もいますが、そうした鳥は俊敏さが残っているのに対し、老鳥では沈んだ状態から身を起こすのに時間を要するなど、俊敏さが減ってきます。

こうした状況もあるため、鳥が一定の年齢になったなら、かかとの位置も見てください。脳裏にあるその鳥の若い時期の姿と比較して、今の状態を判断してください。

【2】顔つき、クチバシ

白内障などの目の病気で、症状がごく初期の場合、鳥が専門の獣医師が健康診断などで鳥を診ても病変に気づかないことがあります。

一方で、ともに暮らしている飼い主が、至近距離から鳥の目をじっと見つめた際、そこに生じたごくごく薄い白濁に気づいた例があります。毎日よく見ているからこそ気づける微妙な変化もあるということ。濃厚な時間の積み重ねは、ときに獣医師の目を超えます。

また、「目力《めぢから》」という言葉があるように、人間も鳥も、意思や気力は目に宿ります。それゆえ弱ってきた鳥は、目にも力がなくなってきます。なんとなく瞳の力がいつもより弱いと感じたなら、全体の挙動も含めて、その鳥のことをさらによく観察してみてください。あなたが感じた違和感は正しいかもしれません。

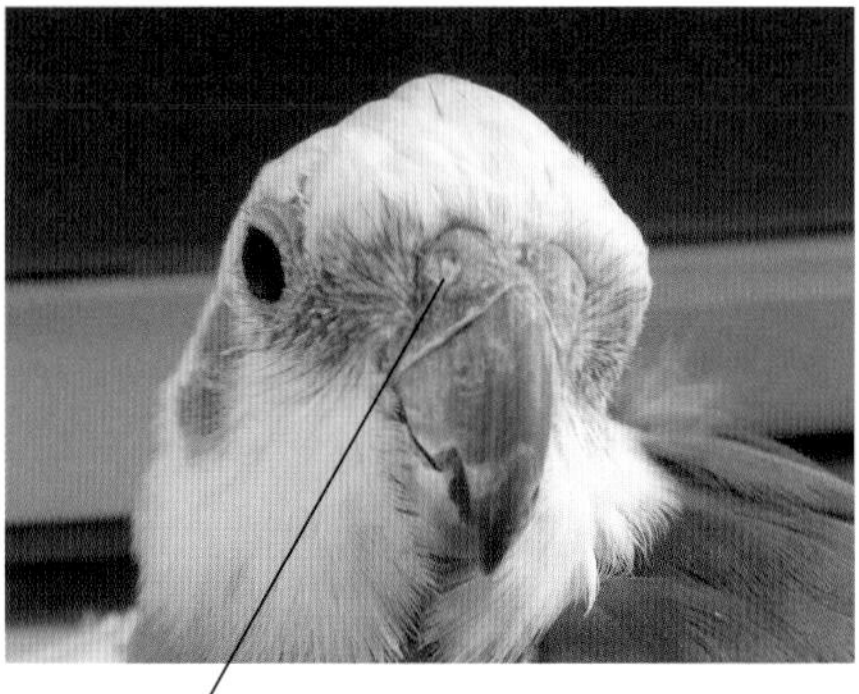
鼻づまりの鼻

目の不具合の見つけ方については、このあと詳しく解説しますので、このページではここまでとします。

メラニン等の色素による黒や茶色、赤色の濃い色のクチバシをもつ鳥ではわかりにくいですが、肝機能が落ちたシグナルのひとつとして、クチバシに「出血斑《しゅっけつはん》」が見えることがあります。そうした事実も世によく知られてきたため、クチバシをじっくり見る方も増えてきたようです。

なお、クチバシを見る際は、いっしょに「鼻の穴」も見てください。ほとんどの鳥は外から見てわかるような「鼻づまり」は起こしませんが、オカメインコなど鼻の穴がやや大きい一部の鳥は、鼻水の成分に鼻に入り込んだ食べ物のカスなどが加わって鼻づまりを起こすことがあります。

放置すると鼻呼吸がまったくできなくなり、呼吸に異音が聞こえたり、鼻腔に炎症がおきるなど、病気の原因になることもあります。

鳥の中には、自分の長い足指の先端（爪）を鼻の穴にさし込んで、定期的に掃除をしている種がいます。鼻づまりを起こすのは、おもにそういった種の鳥において鼻掃除ができなくなったときです。

首を傾け、足を上げて顔や後頭部、鼻の穴を掃除している鳥の、股関節や膝関節の可動域が狭くなると、足の爪が顔まで届かなくなります。鼻づまりの鳥は、そういう状況にある可能性が高い、ということです（p33参照）。

【3】移動速度

股関節から下の関節や筋肉、腱に問題があると、痛みが出たり、歩きにくくなったりするため、歩く速度や歩幅が変化します。この点も人間とおなじです。

心肺機能が低下しても、やはり挙動は遅くなります。体に無理のない移動速度が自然に選択されるためです。

また、歩ける距離も短くなってきます。フィンチ類ではよく見ると、一回のホッピングで移動する距離が短くなったことを実感する

ホッピングの幅が狭くなってきた?

かもしれません。

【4】飛んでいく位置

飛び立った位置より高い場所に行けなくなるのは翼の黄色信号。そこから比較的短時間で、羽ばたいても上手く飛ぶことができずに「飛ぶ」というよりも「落ちる」ようになります。

肩関節の可動域が減ったり、靭帯が上手く機能しなくなったことで、飛ぶための力が不足してくるためです。

多くの鳥はこの段階で、「少し休む」という選択をして、飛ばずにじっとしている時間を増やす傾向があります。すると、早い鳥では、わずか2～3カ月で飛翔力を失ってしまうことになります。

飛び立った位置より高く飛ぶことが難しくなると飛翔の黄色信号。

【5】におい

においのちがいがわかる人はあまり多くないかもしれませんが、鳥の体臭も実は、1羽1羽ちがっています。体臭は遺伝的なものが大きく影響するほか、食べているものによってもちがってきます。

例えば嗅覚の鋭いイヌなら、訓練すればペレット食の鳥か種子食の鳥かを、かぎ分けられるようになるのではないかと思います。

病気をもっていて、薬を長期服用していても体臭は変わってきますが、そうしたこと以外で鳥の体臭が変化することがあったとしたら、その鳥の体の中で「なにか」が変わった可能性も否定できません。例えば、がんが進行中であるなど……。

ここも、まだまだ研究が進んでいない分野ですが、訓練されたイヌががんをかぎ分けられるように、将来、特定の病気にかかった鳥を、イヌがかぎ分けて知ることができるようになるかもしれません。

病気による歩行の障害

筋肉や腱、趾瘤《しりゅう》(たこ)以外の病気

1章にて、老化によるおもな足腰トラブルの解説をしましたが、歩行がおかしくなったり、歩けなくなる病気はほかにもあります。

足の痛みや変形ということについては、痛風がまず挙げられます。おもにかかとから足指にいたる関節部分に針のように鋭い尿酸塩の結晶ができて強い痛みを発生させ、歩行が困難になる病気です。

体内の病気では、腎臓にできた腫瘍が肥大化して座骨神経を圧迫することで起こる足の麻痺があります。腫瘍のでき方や状態によって、麻痺が両足に及ぶこともあれば片足のみの場合もあります。麻痺の程度も変わってきます。

脳が運動障害の原因となる例もあります。脳、あるいは頭蓋内のどこかにできた腫瘍が脳を圧迫し、運動障害を起こすケースのほか、腫瘍ではない「なにか」が障害を引き起こす例もあります。後者はおもに、コザクラインコ、ボタンインコの老鳥に見られるとのこと。

症例としては、首が傾く捻転《ねんてん》斜傾《しゃけい》で、ずっと顔面が上に向いてしまう症状などが知られていますが、こうした脳障害については原因がまだよくわかっていません。そのため、現在可能な対応は、症状を緩和させる治療のみです。

ほかに、耳の平衡器官に問題が生じて歩けない、立てないといった症状を見せる鳥もいます。病気によっては、その場でクルクル回ってしまって前に進めない「旋回《せんかい》運動《うんどう》」の症状を起こすものもあります。

首が後ろに反って顔が「上」を向いてしまうインコ。

目の見えにくさを知る

はっきりとした目の異常

目が開かない。片目だけつぶったまま。眼球の白目の部分や、まぶたの内側が赤く充血している。角膜に異常が見える。眼球が飛び出してきたように見える。

こうした症状があったときは、病気かそれに準じた状態と考えられます。年齢にかかわらず、目に異常を感じた際は、すみやかに動物病院（鳥が専門の病院）に連れて行ってください。

眼球にできた傷から細菌が目の中に浸入して起こる「眼内炎」などの場合、対処が遅れると失明の恐れもあります。失った視力は元には戻らない可能性が高いため、鳥の今後の生活を考えるなら、早急な対応が必要です。

白内障の初期症状

白内障は、黒目の表面の角膜と眼球本体とのあいだにある水晶体（レンズ）の内部が白く濁る病気です（左ページの図参照）。

水晶体の濁りの変化は不可逆のため、進行を遅らせることができたとしても元の正常な目に戻すことはできません。人間でよく行われている水晶体の中味を人工物に変えて視力を戻す手術も、鳥には不可能です。いつか、そうした手術が可能になることを願います。

なお、白内障の初期は少し見えにくいだけで、見えてはいます。また、鳥の場合、どちらかの目が先に白内障になり、もう一方の目は遅れて発症することが多いようです。

実際に出会った鳥では、片目が白内障になってから反対側の目が白内障になるまで、3～7年、時間が空くケースもありました。片目が白内障になったものの、もう一方は生涯見えていたケースもあります。このように、左右で時間差のある場合が多いようです。

片目が見えにくくなってきても、もう一方がしっかり見えていれば生活には支障がありません。なので、鳥は、これまでどおりにふつうに暮らしていきます。

白内障の初期症状

白内障初期のごく薄い白濁に最初に気づけるのは、おそらく飼い主です。抱きあげて撫でながら左右の目を見て、片方の虹彩の奥の部分が淡く白みがかって見えるような〝気がする〟と微かな徴候をつかむのが気づきの始まりとなる例がとても多いからです。

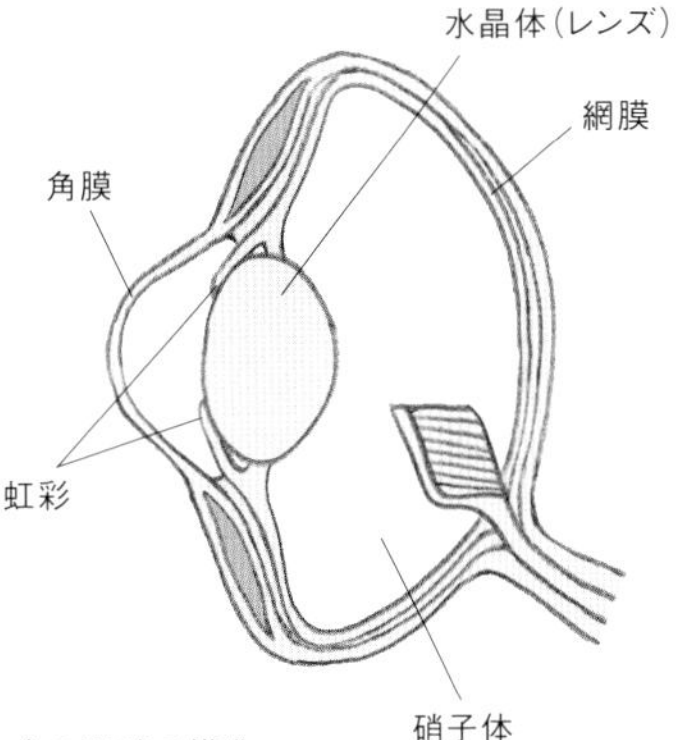

鳥の眼球の構造。

初期の白内障では、視力は落ちるものの見えてはいるので、目の前になにかを近づけても鳥は気づき、怒ったり怯えたり、威嚇したりするため、「異常に気づきにくい」ということがあります。鳥専門の病院で獣医師がその目を診ても、わからないケースもあります。

微かな白さが気になったときは、診察を受ける際に、「片目が薄く白濁しているように見えるのでよく調べてほしい」と告げてください。こうした飼い主からの申告や検査の希望があることで、はっきりそれとわかる数カ月前に、白内障の始まりに気づける可能性があります。

白内障の初期症状が本当にあれば、目に光を当てつつ、拡大鏡で眼球のレンズ部分を詳しく見ることで獣医師が確認できます。

撫でさせてくれる鳥、手で触られることが嫌いではない鳥は、抱きあげ、目の前で撫でながら顔の各所を観察する習慣をつけておいてください。白内障だけでなく、肝臓の老化に由来するごく微量な羽毛の変化や、クチバシ内部での薄い出血斑、呼吸音の異常なども、そうした観察で見つけることができると思います。

白内障の鳥の飛翔

家の中を飛び回る鳥の場合、白内障の進行によって飛び方が変わります。

1・ごく初期 ↓ 特に変わらず普通に飛びます

2・病気が進行する過程 ↓ 距離感がつかみにくくなります。そのため、飛ぶことに対する躊躇《ちゅうちょ》も見えます

3・片目を失明 ↓ 失明してしばらくすると、残った片目での距離のつかみ方にも慣れて、また以前のように飛ぶようになります

　ただ、片目しか視力がない場合、死角が大きいために、特にパニック体質の鳥では急な変化に上手く対応できなくなって、慌て、目的の場所に行けずに、どこかにぶつかったり落ちたりすることもありますので気をつけてください。

　片目が見えていない鳥の放鳥には、そうした状況で起こる事故を防ぐためにも、テレビから聞こえてくる音を抑えるほか、これまで以上に驚かさないように注意することが大事になってきます。

いちばん見えにくいのは目の前？

　白内障で片目が失明した鳥を観察していると、遠くのものより近くのものの位置がつかみにくい様子も見えてきます。目の前に食べ物を差し出すと、1回目は5〜8ミリメートルほど横（目が見えている方）を突つこうとします。2回目からは網膜から脳が受け取る信号を補正して正しい位置を突つきますが、これは両眼視する際に結像する目の焦点から脳に送られる信号の補正ができていないことを意味します。

　少し離れた場所に問題なく飛んでいけるのは、片目で広くあたりを見ている際に結像する網膜の中心ポイント（鳥の場合、両目で見ているポイントと広くまわりを見る網膜のポイントは別）からの情報を脳が上手く補正して、距離や方向を正しく把握するためです。

目の前が意外と見えず、距離感もつかみにくいようで、食べ物がある場所の、5〜8mm横を突つこうととする鳥。

コラム

見えなくても位置がわかる？

好きな人のところに行きたいの！

白内障が両目で進むと、最終的には視力を失うといわれます。しかしそれは、網膜剥離《もうまくはくり》や視神経の断裂などによる失明とは少し様子がちがうようです。

横浜小鳥の病院でも、この件で話し込んだことがありますが、両目が白内障になってしばらく経った鳥が、呼ぶ飼い主の手に正確に飛んで行く事例が複数あることが確認されています。

こうしたことから、人間の白内障と鳥の白内障では、見え方が少しちがっている可能性も疑われます。とはいえ、現在はまだ、それは科学的に証明されていません。いずれにしても進んだ白内障では、白い霞の中にいるかんじで、まわりの景色が網膜に結像しないことは確かです。それでも一部の鳥においては、人間の輪郭はなんとなく把握できているのかもしれません。

鳥の中には聴覚をもとに位置を知るしくみをもつものもいて、音がした場所や自分との距離・方向を、脳内でかなり正確に把握することが可能です。

飼育下の鳥では、自身が暮らすケージのレイアウトをかなり正確に記憶していて、目が見えなくなったあとも不自由なく暮らす例が見られます。

それに近いかんじで十分に見えていたときに把握していた飼い主の立ったとき、座ったときの高さを脳内でイメージすると同時に、耳で聞いて感じ取った距離を補助情報として、呼んだ飼い主のもとに飛んでいくのかもしれません。

見えていないはずなのに、まっすぐ飼い主の手許へと飛ぶ事例が複数あります。

睡眠の長時間化は、老化または不調のあらわれ

老鳥は寝ている時間が長くなります

老鳥の特徴のひとつとして、「よく寝るようになる」ということが挙げられます。

そんな鳥の姿を見るようになったら、過労によって体がだるい人間の状態を想像すると実感がわくかもしれません。その状態で病院に行くと、「肝臓の数値が悪いですね。薬を出しておきますので、しっかり飲んで、体を休めてください」といわれたりもします。

よく眠るようになった老鳥は、そうした人間が感じているだるさや疲労感を慢性的に感じていると考えることもできます。

肝臓が鳥の体の「要《かなめ》」であることを、『うちの鳥の老いじたく』でも解説しました。鳥の場合、菌やウイルスに対する免疫に加えて、年に1、2度ある羽毛の生えかわり、「換羽」のコントロールも肝臓が行っています。

鳥の肝臓は、酷使、という言葉が適当なほど、働き者の器官です。

そのため、長く生きてきた老鳥の肝臓は、人間が思う以上に「くたびれて」います。肝機能が落ちたとき人間は、疲労を感じ、だるさを感じます。なんとか疲れを取ろうと、長時間眠ったりもします。それが老鳥の体の状態です。

老化によって肝機能の落ちた老鳥が感じる疲労感は、少し休むことで少しだけよくもなりますが、若いころのように元気溌剌《はつらつ》という状態には戻りません。それが「年をとる」ということです。

遊びはほどほどに

もともと遊びが大好きで、毎日何時間も遊んでいた鳥でも、倦怠感には勝てません。

かなり高齢化になっても遊ぼうとはしますが、体が気持ちについてきません。また、そうしているあいだに、遊びたい気持ちは少しだけ弱まり、無理をしても遊ぼうとすることはなくなります。

それでも、遊びたい気持ちはあり、わずかな時間でも遊ぶことで「嬉しさ」を感じます。そうした嬉しさは免疫力の向上にも効果があり、本人（本鳥）の気力も上げて生命力の向上にもつながりますので、完全に遊びを止めてしまうのはやめてください。

ただ、おなじ家で暮らす遊びが好きな若い鳥がひんぱんにかまおうとするときは、止めて、引き離してください。老鳥には若い子の遊びにつきあうだけの体力はありません。

こうしたケースは要注意

眠る時間が長くなるのは、ある意味、自然なことですが、遊びたい意思を示してケージから出たにもかかわらず、ほんの短い時間遊んで、その遊びの途中でぱったり眠り込んでしまったり、床を歩いている途中で立ち止まり、見るとその場でスイッチが切れたように眠り込んでしまうようになったときは要注意です。

だいたいの場合、それは「気絶」、または「起きていられる時間が極端に短くなっている」ことを意味します。

老化の徴候が見え、「この子は老鳥の域に入った」と感じたとき、飼い主の多くは愛鳥の「残り時間」を意識するようになります。それでも、しばらく向き合っていると、人生の最終コーナーには入ったものの、まだしばらく時間があることに気づいて少しほっともします。

しかし、こうしたかたちの眠りを目にするようになったら、より注意深く見守り、より身近にいてあげることを意識してください。

寒くても、具合が悪くても ふくらまない鳥もいる

温めるのは基本ですが……

「寒いとき、鳥はふくらみます」

多くの飼育書にそう書いてあります。獣医師から指導される際も、そうした説明をされることがあります。

服と服のあいだに空気の層があると温かいのとおなじ理屈で、表面の羽毛と皮膚のあいだに空気の層をつくることで、自身の体温で自分をくるんでいるイメージです。

寒さを感じたときや、体調不良で体温維持がたいへんなときなど、鳥はふくらみます。もちろん野鳥もおなじで、寒い時期に見るまんまるのスズメを「ふくらすずめ」などと呼んできました。

小さな鳥の丸い姿は、人間の目にはよけいかわいく見えることもあって、「福良雀」などの字が充てられて縁起物にもされてきましたが、スズメからすれば、あれは必死に寒さに耐えている姿であり、鳥の気持ち的には早く春が来ることを望んでいる姿でもあります。

家で暮らす鳥がふくらんでいるとき、ケージにヒーターをいれたり、家全体をあたためて鳥が寒さを意識しなくなると、ふくらんだ状態は解消され、いつもの姿に戻ります。ふくらんでいるときに温めることは、飼育鳥の健康を守るための大事な手段です。

思い込みを排除！

寒さに対してふくらむことは、鳥類の脳と体にインプットされたプログラム……なのですが、寒くても、具合が悪くても、ふくらまない個体もいます。

人間の場合も、高齢になると暑さ寒さを感じにくくなって、そのために熱中症になってしまう例が多く見られますが、似たような事例は鳥でもあるのかもしれません。

とはいえ、高い気温に鈍感な鳥はいません。鳥の体温は生命を維持できる上限に近い値を平熱としていることもあり、温度の上昇が

感じられないと、死に肉薄する危険があるからです。

問題は寒さです。

ほかの鳥たちが寒そうにしているのに1羽だけふくらまず、表情も変わらなかったのに、ヒーターをつけると、しがみつくほどの距離で安堵の表情を浮かべ、その前から動かない様子が見られるなどして、「実は寒かった」ことがわかる鳥がいます。

脳は寒く感じていなかったとしても、実際に体は冷えていて、突然具合が悪くなることもあるので要注意です。

ほとんどの鳥は寒いとふくらみ、具合が悪いとふくらみます。その事実にまちがいはありません。しかし、そうではない鳥もいて、そうした鳥に対して温度対応を誤ると死に至る危険もあるので、そうした鳥もいるということはおぼえておいた方がよいと思います。

人間に近いメカニズムかどうかはわかりませんが、老鳥になって温度を感じにくくなる鳥が少し増える可能性もあります。

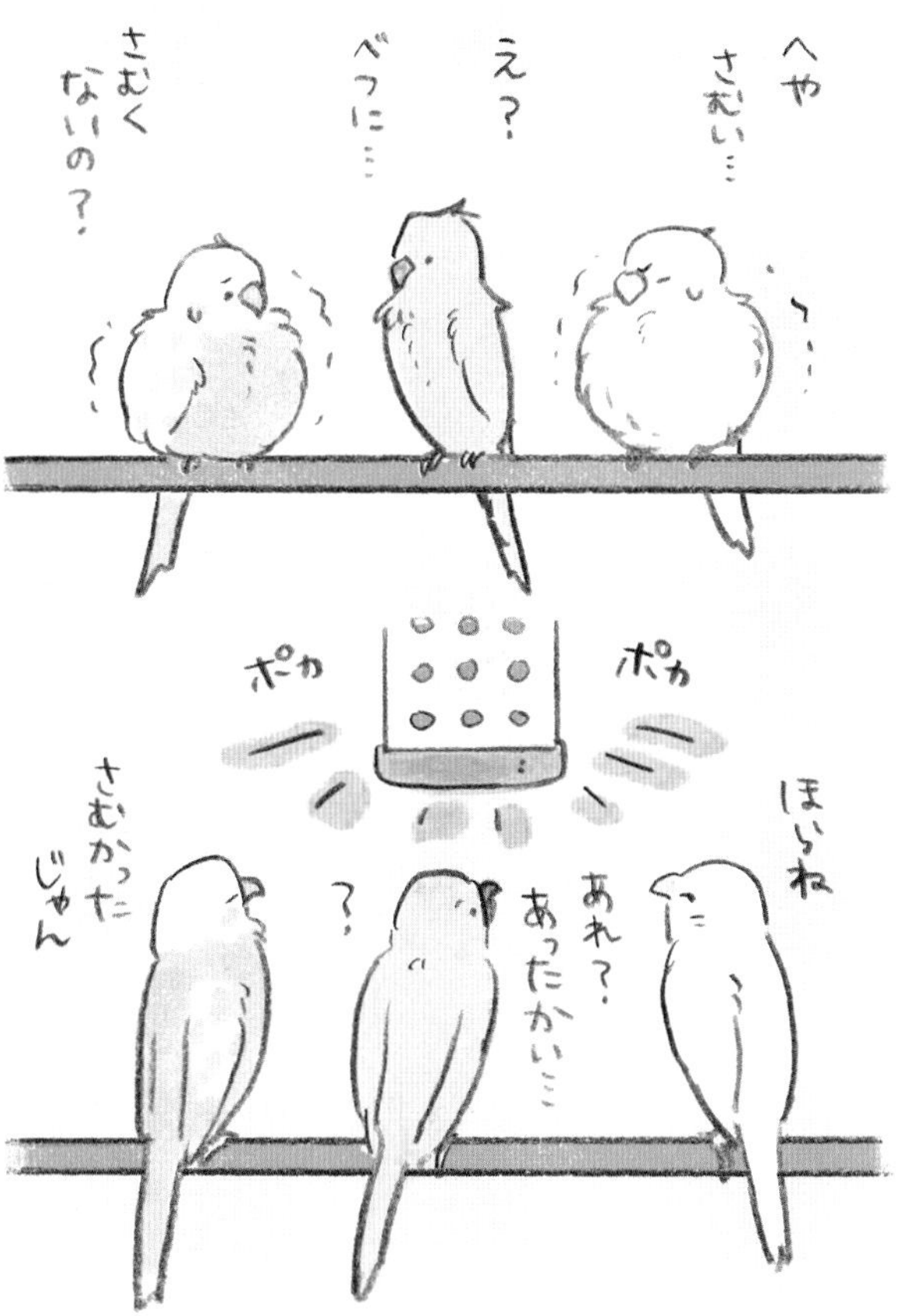

不機嫌さもゆるさも心理、体調の反映

不機嫌は不調の裏返し

老鳥になったとしても、その鳥の基本的な性格は変わりません。おっとりした鳥はそのままおっとりしていますし、せっかちな鳥はせっかちなまま。怒りっぽい鳥は怒りっぽいままです。

鳥がイライラした様子を見せるのにはもちろん理由があって、人間や環境、ほかの鳥に対してストレスを溜めている状況のほか、体のどこかに病気や異常があり、そこに痛みや不快を感じている場合も、そんな様子を見せます。

それでも、かなり高齢になると、どの鳥もそれなりに落ち着いてスローペースになります。

それに伴って、せっかちさも怒りっぽさも減ってきます。おおらかな鳥はさらにおおらかに。怒りっぽい鳥は、少しだけ怒りっぽくなくなります。

なのですが、そうした老鳥において、ずっとイライラ、不機嫌が続いている場合、まず疑われるのは身体の不調です。

体の中か外か、どこかに痛みがあったり、強めの違和感があったりする可能性が高いです。穏やかになってきたはずの老鳥がイライラを隠せないとしたら、それは相当な状況にあると考えてください。もしもそんな様子が見られたなら、早めに鳥を診られる獣医師のいる病院に連れて行ってください。

活動的でなくなる

鳥は運命を受け入れる生き物で、体に不具合が出ても、その体で生きていくことを決め、「できることをする」ことは以前から繰り返し解説してきたとおりです。

そんな鳥でも、空が飛べなくなることには、大きな心理的抵抗があります。空を飛ぶ鳥にとって、それはアイデンティティの核であると同時に、飛翔力をなくしてしまうことは「死」が近づくことに等しいという本能的な恐怖があるからです。

しかし、そうした心理も、老鳥になると少し変化が見られるようになります。老化して体も心も疲れやすくなった鳥においては、若く健康だった時期に比べて執着心も減る傾向が見られます。肉体的にも無理がきかなくなるので活動的ではなくなってきます。

鳥も人間も、なにかをがんばると疲れます。若ければ、がんばろうと意識することもなくがんばってしまったりもしますが、年齢を重ねた鳥では、少しがんばるだけで疲れを感じます。

すると、「まぁ、いいか……」という心理が生まれてきます。

言い換えると、諦めやすくなります。それは、老化した生物に共通する心理です。かなり高齢になると、飼育鳥は飛べないことにももはや執着しなくなります。

仙人のような、そんな穏やかな心理の域に達した鳥もまた、かわいいものです。

ケージ外での運動

「放鳥」の本来のイメージは、「鳥が飛ぶこと」。

放鳥するということを、「ケージから出た状態」と定義されている方もいますが、たとえ1時間ケージの外に出ていても、その間、ずっと人間の肩にいて飛ぶことも歩くこともしなかったなら、実はそれは本当の意味での「放鳥」にはカウントされません。

運動量的に、ケージの中にいるのとあまり変わらないからです。

放鳥は鳥にとっての楽しみと息抜き、健康維持（若い鳥においてはアンチエイジング）のために行うもの。せっかくの時間を有意義なものにしてください。

鳥には、少し呼吸が乱れるくらいの有酸素運動が必要で、それは初老の鳥でもかわりません。それをするのが放鳥です。

ただし、翼や呼吸器など、体に問題が出てきた鳥の場合、無理に飛ばせたり、走らせたりすると心肺やほかの体の部位に危険なこともありますので、放鳥時にさせる運動については、ともに暮らしている人間が、その鳥に合わせた方法を判断してください。

呼吸の異常もチェック

呼吸は3点を見る

最初の項目でも書きましたが、鳥の呼吸は、平常時昼、就寝時、運動したあとの3点を確認してください。

加齢によって鳥も免疫力が落ちます。体力も落ちます。すると、

これまではなんの悪さもしていなかった、どこにでもいる常在菌やカビ（アスペルギルスなど）に感染するようなこともでてきます。体（細胞）の深いところにずっと潜んでいて、これまで表にでてこなかった病気（オウム病など）が突然出てくる例もあります。

肝臓が悪くなっていて強肝剤を飲ませているような鳥では、特に夜間を中心とした咳や呼吸異音にも耳を澄ませてください。

そして、鳥にも心臓病があります。加齢によって循環器系が弱る鳥もいます。

ほんのわずかな運動で息が切れるようになったり、いつまでも呼吸が平常に戻らない場合、循環器の問題も考えられます。そうした病気については、獣医師の診察なしには判断ができません。

心臓系の病気の場合、病気を完治させることはできず、体が小さすぎるために人間のような手術も不可能です。

しかし、ケースごとに対応する薬は知られていて、症状によっては劇的に効いて呼吸や心臓の苦しさを和らげてくれます。

そうした点からも、呼吸に問題ありと感じた際は、早めに鳥専門の獣医師がいる病院に連れていってください。

心臓が悪いことによる苦しみは、人間がそうであるように、鳥もとても苦しいものです。また、放置すると当然弱ってもきます。薬で改善できるものなら、早めに治療してあげてください。

コラム

老鳥の引きこもりはなんのサイン？

出たくないから引きこもる

それまでよく外に出ていた鳥が、ケージから出そうとしても頑なに拒否するようになったとしたら、たぶん、それもなんらかの「サイン」です。

その鳥には、〝出たくない〟明確な理由がおそらくあります。そしてそれは、前回、前々回（前日〜数日前）にその鳥が外に出たときに感じたことと関係している可能性があります。

例えば、歩くこと、飛ぶことで痛みを感じた。これまでにない疲労感を感じた、など。老鳥ではそれなりにあることです。

そんなことを感じた鳥は、少しのあいだ体を休めようとします。数日、じっとしていることで回復を待ちます。次にケージから出るのは「テスト」です。数日経って出てみて、問題を感じなければまたふつうに外に出てくるようになりますし、「出たくない」状況がまだ続いていると感じたり、もっと酷い状態と感じたら、また引きこもり生活に戻ります。そして、それは、前回よりも長く続きます。

判断は正しい？

仮に、その老鳥の引きこもりの理由が人間の四十肩、五十肩のような肩関節の老化による「痛み」で、「飛んだら肩が痛かったから」という理由だった場合、仮に2カ月近く引きこもっていると、その鳥は飛翔力を失います。ますます肩の可動域が減り、羽ばたく力が落ちて、体を飛翔させることができなくなります。

最初に引きこもった時点で理由に気づき、痛みの少ない軽いリハビリ（羽ばたきのみ、飛翔はさせない）ができると、飛翔力が維持できるケースがあるのですが——、その判断は、なかなか難しいものがあります。

chapter

3

鳥が求める暮らし、鳥に与える暮らし

〜適切な寄り添い、メンタルケアを〜

老鳥が飼い主に望むこと

老化の初期は、今までどおりを期待

年齢が上がっても、人間の基本的な性格が大きく変わらないように、鳥の性格も基本的に年齢で変化はしません。そのため、老化の徴候が見え始めた鳥も「これまでどおりの暮らし」を期待します。

この時期の鳥は、自分が初老の域に片足を踏み込んだことについてまったく無自覚なので、内面も表に現れる行動も、〝従来通り〟となります。

体の不具合など、大きな変化がまだない状況では、鳥が期待するように、今までどおりの生活をさせるのが最良の選択といえます。

多少の変化は気にしない

羽毛の生えかわりに時間がかかるようになったり、目が見えにくくなったとしても、鳥はその事実を、「自分の生命の終わり」と結びつけたりはしません。

もちろん鳥は、自身が今何歳なのかを考えたりもしません。自分はヒナではなく、大人の鳥であると自覚するのみです。

老化現象の一端として、体のどこかが不自由になったとしても、その状況について悩んだりせず、悲観的にもなりません。思いがけない事故や病気で体の一部が不自由になることも、鳥の中ではありうること。老化現象も、そうした変化の一例にすぎないからです。

不自由が生じたその状況を好ましくは思いませんが、自分にどうこうできる問題ではないと悟れば、それに合せた生活を模索するのみ。そしてその判断は、一瞬で下されます。

「もとどおりの体になってほしい」と、思考ではなく意識の深いところ（無意識の中）で期待はしますが、人間のように強く願ったり、神に祈ったりはしません。なんらかの理由、手助けがあってもとの能力を取り戻したとしても、一瞬、「ああ、よかった」と思い、

鳥たちの願い ➡ 日常が続くこと

けです。

またもとどおりに暮らしていくだ

体が不自由になっても、可能なら今までどおりに

さらに老化が進み、鳥生の終末期に近づくと、体の不具合も増えてきます。しかし、それでも鳥が望むことはやはり、「できるかぎり、これまでに近い暮らしがしたい」です。

頑固で保守的なのも鳥の性。本人（本鳥）も自覚しないまま暗に願っていることを含め、老化した鳥の心の中にあることを簡潔にまとめると、前ページのイラスト、ページ下段のようになるでしょうか。

こうしたことを意識して暮らしていくと、老いた鳥にも最後まで幸せな時間を提供できるはずです。

人間と距離をもっていた鳥

長く人間と距離をもって暮らしていた鳥は、老期に2つのタイプに分かれます。これまでとおなじ距離を死ぬまで望む鳥と、人間との距離を縮めようとする鳥です。

前者は、人間と近しい鳥とは別の意味で、「これまでとおなじ暮らし」を望みますので、老化した体のことは気にとめつつも、その鳥の意思を尊重した距離ですごさせてあげてください。それでも、最後の瞬間だけは人間に気を許すケースもあります。

後者のような変化は、心に生まれた漠然とした不安のせいなので、よく慣れた鳥とおなじように接していけば大丈夫です。

飼い主とフレンドリーな生活をしている鳥の、心の中にある望み

・おなじ暮らしが、おなじように続くこと
・好きな相手（鳥、人間）が、おなじ空間にいることを感じたい
（できれば、若いときよりも長く）
・苦痛も心配もなく、穏やかに生きたい
・助けが必要なときには助けてほしい

老鳥への理解と、飼い主の義務

鳥は賢く、豊かな感情をもつ

鳥と暮らす人には周知のことですが、鳥は人間が思ってきた以上に賢く、豊かな感情をもっています。哺乳類とは異なる、コンパクトで高性能な脳が高い能力を生み出していることも、近年、科学的に証明されています。

そして鳥には、思考のパターンや感情などの点で、驚くほど人間に似ているところがあります。

実際には、人間が鳥のあとを追うようにして、鳥と似た進化をしたので、「人間が鳥に近い」が、より正しい解説なのですが。

鳥にも心がある。そして鳥の心は、人間が思う以上に繊細！

そうしたことを理解しながら暮らしていくのが、21世紀の鳥との生活の基本となります。

さらに、年齢を重ねた鳥のケアについても、人間のそれに準じて行うと、上手くいくことがわかってきました。老いた鳥の気持ちを支えるにあたっては、老いた人間の気持ちを支えるやり方に沿った方法が使えます。

老鳥のためのメンタルケアは老人にも生かせますし、その逆も然りという事実を、高齢者施設などの取材を通じて確認することができました。

長生きさせるポイント

病気や不調にいち早く気づくこと、適正な環境ですごさせること、栄養バランスを考えた適正な食事を与え、「太らせないこと」が、鳥

を長生きさせるポイントですが、過度なストレスがなく、安心して暮らせることもまた、長寿のための大きな要素となります。

　なお、鳥の寿命は、もともともっている遺伝的な資質と、これまですごした生活の内容によって決まってくるため、老鳥になってから長寿を願っても、そこから大きく寿命を延ばすことは不可能です。

　老いた鳥に対してできることは、適正な暮らしをさせて、「その鳥がもっているであろう『残りの時間』をフルに生きさせること」。つまり、人間がその手でその鳥の寿命を縮めないことです。

寿命を縮めない暮らし方

老鳥に、寿命をまっとうしてもらうための注意点は次のとおり。

◎体重を落とさないように、ちゃんと食事をしてもらうこと
◎その鳥の体に合った暮らし（バリアフリーも意識）
◎精神的、物理的なストレスを減らす（寒暖もストレス）
◎気持ちの支え（不安を減らす）
◎楽しく過ごしてもらう（いっしょの遊びも大事）

　これまであまり注目されてきませんでしたが、最後の2点が意外に影響をしていることがわかってきました。つまり、楽しく、満ち足りて暮らしていると、自然に寿命は延びてくる（＝その鳥が本来もつ寿命をまっとうできる可能性が高まる）、ということです。

最後まで豊かに暮らしてもらうための最大の秘訣は、「愛されている」、「大事にされている」と鳥が感じること。こうした暮らしを提供することが、鳥にとってのアンチエイジングになると考えてください。

鳥はもともと繊細な意識をもった生き物なので、メンタルのケアが必要になる場面も多いのですが、老鳥では、それがさらに大事になってきます。

飼い主の義務

鳥とともに暮らす人間は、これまで解説したことを意識して生活することが大事になってきます。人間がそうであるように、老いて体が不自由になった鳥は、意識の底に不安をかかえます。それを理解し、支える必要があります。

そしてもう1点。老鳥の飼い主には大事な義務が生まれます。

それは、「鳥が考えないことを代わって考える」ことです。

鳥は基本的に、老化も病気も意識しません。自身の行動に支障がでなければ無視します。些細なことは気にとめません。

体に不具合があっても、それを自覚したうえで可能な行動をするのが鳥で、それがある意味での「鳥の強さ」となりますが、自分に合せて環境を改造する、といった意識には欠けます。

人間の子供に欠けている意識が、鳥にも欠けています。また、人間の老人がしないことは、鳥もしません。

それを理解したうえで、鳥の意識に欠けている部分を飼い主が補完してあげる必要があります。鳥自身は考えない、老鳥にとって必要なことを、人間がしないといけないわけです。

まず状態に気づき、なにをすればその鳥がより暮らしやすくなるのか「想像」して、その鳥がしにくくなったことを上手くカバーする手段、方法を考える。それが義務です。そうすることが、老いた鳥のＱＯＬを維持することにつながっていきます。

こんなとき、老鳥はどう思う？
＋メンタルケアのアドバイス

気持ちを支える

老鳥の精神の健康を維持するには、若いとき以上のメンタルサポートが必要になります。

鳥と暮らす人間は、そのときそのときの鳥の心を想像しながら、「よい」と思える行動をする必要がありますが、その心に関して理解が進んできた部分もありますので、ここではそうした事例について解説してみます。

ただし、鳥の意識は一羽ごとに大きく異なってもいるため、細かいところでちがう判断をしなくてはならないこともあります。

ここに示した例は一般的なこととして頭に置きつつ、それぞれの心を推察して対応していただければと思います。

こんなとき、鳥はどう思う？

1・ケージの中を改造されたとき

今以上に足が動かなくなって、とまり木にも行けなくなるかもしれない。白内障が進んで目が見えなくなるかもしれない。飼い主がケージを改造するのはそんなときです。

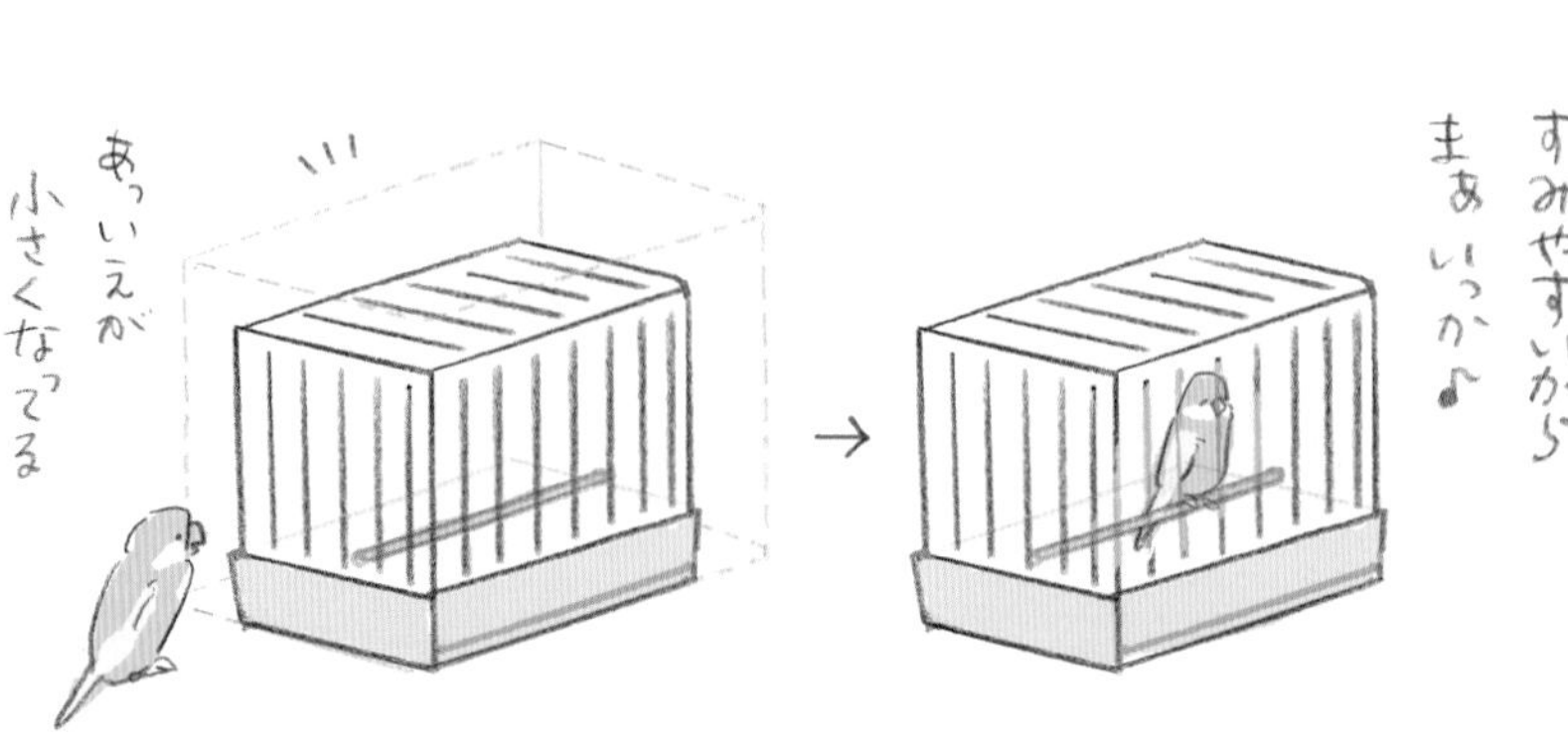

鳥の多くは、生活基盤の変化を嫌います。ケージを改造されて思うのは、かなり高確率で「本当は直してほしくなかった！」です。

ただし、そう思うのは一瞬だけ。暮らしやすくなったと実感したとたん、不満は消え、不満に思ったこと自体も脳裏から消えます。

変化に慣れるのに時間がかかる鳥もいますが、そういった鳥に対しては、ケージの前でたくさん話しかけてみてください。「家」は少し変わったものの、基本的な暮らしはなにも変わっていないことを実感させることが大切です。

2・ケージからおもちゃを撤去されたとき

ケージ内のおもちゃを撤去する際は、それがその鳥にとって大事なものかどうかをしっかり吟味してください。人間がそうであるように、大事に思っていたものを取られると、鳥も寂しさのようなものを感じます。逆に、特に気に入っていなかったものに対しては、なくなってもほとんど気にしません。

多くは後者なのであまり心配はいらないのですが、「本当は取ってほしくはなかった」と落ち込む

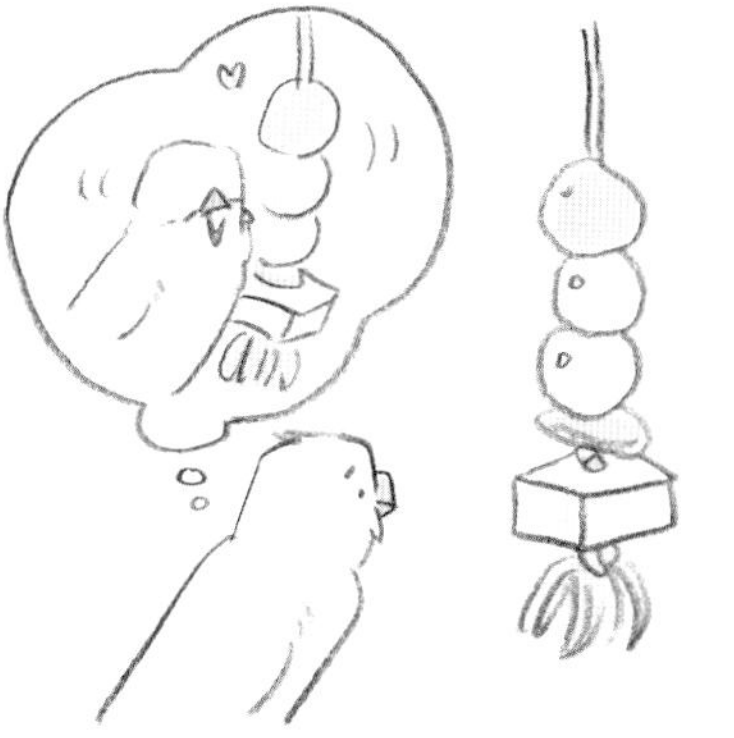

様子が見えた場合は、戻してください。大事なものがケージに戻ると、表情が明るく変わります。

ただ、かなり老齢化が進むと、若いときのようなこだわりが減るので、最終的にはなにを取られても気にならなくなります。

3・飛べなくなったとき、歩けなくなったとき

飛べない。歩けない。という状況になったとき、野生の鳥は「死」を覚悟します。その確率が大きく跳ね上がるからです。

長く家庭で暮らしてきた鳥の場合、野生に比べて死の恐怖は漠然としていて、多くはあまり感じていません。特に人間に対する依存心が強い鳥ほど、そうした恐怖を

感じていません。なにかあっても「人間がなんとかしてくれる」と思い込んでいるからです。

依存心が強い鳥は、若い時期には呼び鳴きをするなど、「問題」といわれる行動が指摘されることも多々あります。ただし、体が不自由になってきたときには、生じたさまざまな問題を余すことなく飼い主に伝えてくれるので、逆にメンタルを含めてケアがしやすくなる、ということもあります。

体が不自由になった馴れた鳥が望むのは、動かなくても（動けない体でも）ご飯を食べられる生活環境だったり、飼い主が思ったところに連れていってくれる「移動手段」になってくれること。

そうした鳥は自分の声が届くところ、姿が見える場所に人間がいてくれる時間が増えてほしいと願うので、飼い主は可能な範囲でその望みを満たすようにします。それが、この状況の鳥に対してもっとも有効なメンタルケアとなります。

4・目が見えなくなったとき

白内障などで目が見えなくなると、気配に敏感になるのは人間も鳥もおなじ。生活音から同居する人間がどこにいてなにをしているのかを、鳥は悟ります。そして、日々、それを感じることが安心感につながります。

もちろん、声をかけることも大事なメンタルケア。目が見えていたときよりも、意識して少し多めに声をかけてあげてください。それが生きる力になります。

逆に、初めて耳にする聞き慣れない音には恐怖を感じることが増えますので、そうした音を立てないように気をつけてください。

目が見えない状況で移動することにも、最初は恐怖を感じます。ですので、どこかに連れていくときはただ手の上に乗せるのではなく、ガードするように片手を添えると安心します。それは、身体が不自由な鳥への「介助」にもなります。

また、移動の際に話しかけながら動くと、鳥は、人間が自分をどこかに連れていこうとしていることを理解して、さらに安心をします。移動に限らず、ケージから出すときはずっとそばについて声をかけ、体温を伝えることがケアとなります。

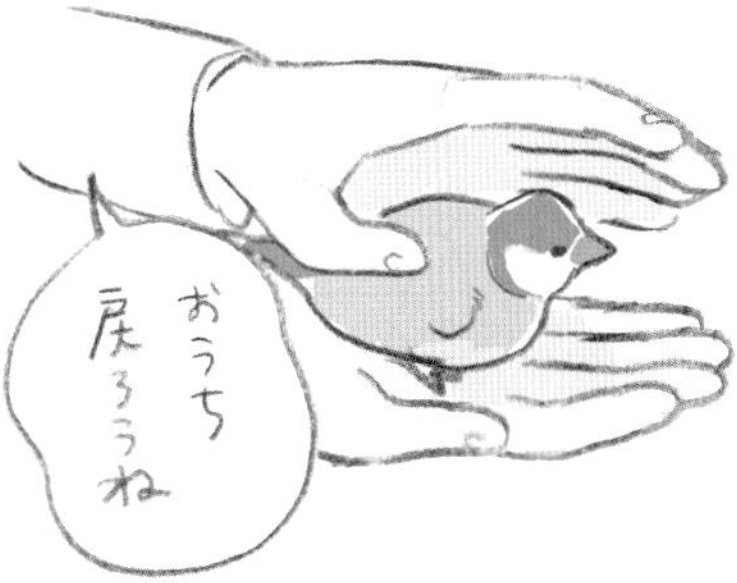

5・死に至る病を得てしまったとき

重篤な病気を鳥は理解しません。なので、強い痛みがあったり、行動に大きな支障が出るまでは、それをほとんど気にしません。

意識するのはそれがかなり進行してからです。そのとき、初めて強い不安を感じます。

声をかけ、撫でて体温を伝えることで、安らぎを感じますので、可能な範囲でスキンシップや声かけの回数を増やしてください。

脳の障害や腫瘍などからまっすぐ歩けなくなった鳥は、早い時期から不安を感じます。このケースでも、獣医師が処方した薬を飲ませる以外、そばについて声や体温を届けるくらいしかできません。

ゆえに、鳥の心を支えるためには、飼い主が大事に思っていることと、その気持ちをまっすぐに伝えることがとても重要になります。

6・気がつけば眠っている

肝機能の低下のほか、体が弱ってきた鳥は、自然に睡眠時間が長くなります。こうした眠りは鳥の意思とは無関係に訪れ、遊びの途中で意識がなくなって眠ってしまったりもします（＝気絶）。

その場合、ケージの外に出す時間を減らし、大事に思っていることをできる手段で伝えつつも、睡魔がきたときは声をかけずに眠らせてあげてください。それが最大のケアです。

足裏のトラブルにも注意

足裏の健康

飼い鳥のケージには、ふつう1～数本のとまり木がつけられています。そのとまり木が、太すぎる、細すぎるなど、暮らす鳥の足のサイズに合っていないと、鳥の健康に問題が生じることが知られています。

例えば、適正なとまり木では、爪の先がとまり木に当たることで自然に削れてきますが、合わないとまり木では爪が伸びすぎてしまうことがありました。伸びた爪がどこかに引っかかって爪が折れたり指が骨折するなどの事故も起きています。

さらに大きな問題が生じるのは、太さが合わないうえに「硬い」素材のとまり木で、鳥が肥満（体重過多）であるケースです。

適正なとまり木では、体重は足裏全体にうまく分散されますが、合っていないうえに硬いとまり木では、足裏の特定の場所だけ強く当たることになります。するとその部位に「趾瘤《しりゅう》（たこ）」ができる可能性があります。圧迫による血流の悪化が原因です。

最初は赤くなっているだけですが、やがて硬く膨らんできます。さらに進行すると、足裏の皮膚に深く食い込んだ、黄土色～黒色のかさぶたになります。

奥に細菌が入り込むと化膿、炎症を起こし、強い痛みも生じるようになります。放置した場合、炎症が骨に達することもあります。

それをかばって反対側の足だけでとまり木に止まるようにな

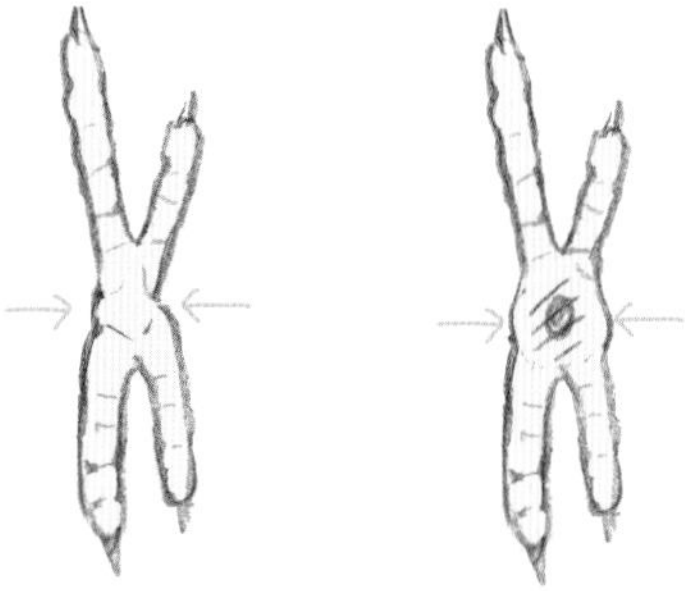

ふつうの足裏（左）と腫れた足裏（右）。

ると、今度はそちらの足も発症し、やがて両方の足の痛みと足底のふくらみが障害となって、とまり木上にいることができなくなります。

そうした鳥は、必然的に地上にいる時間が長くなりますが、痛みからあまり動かなくなるうえ、痛い部分を地面につかないように工夫する結果、多くは足裏ではなく「かかと」をついて、そこで体重を支えるようになります。

すると今度は、かかとにも趾瘤ができます。動かないことで血流がさらに悪化し、両部位の「たこ」がさらに大きくなる鳥もいます。

最初は鳥も無自覚で、飼い主もこの症状を軽視しがちですが、なにもせずに放置すると高確率でさらに悪化します。こうした「負の循環」を断ち切るためにも、早期の発見と治療が必要です。

地上暮らしの鳥にも

足裏にこぶ／趾瘤ができる病気は、一般に「趾瘤症《しりゅうしょう》」と呼ばれます。ニワトリやアヒルなど、地上性の鳥に見られる「バンブルフット」と呼ばれる病気とおなじものです。

ケージや禽舎で飼育されている鳥では、インコ・オウム類と、タカやフクロウなどの猛禽類に多く見られますが、条件が揃えばジュウシマツやキンカチョウなど、体重の軽いフィンチを含むあらゆる鳥に発症の可能性があります。

老鳥の足裏の健康

老鳥になると、さまざまな体の不具合がでますが、中には筋力の低下や腱の老化によって指の握力が低下したり、毛細血管を流れる血流が低下する鳥もいます。

握力が落ちた鳥や指が上手く曲らなくなった鳥では、足裏の特定場所にのみ、強く体重がかかるようになります。そうした鳥では、足裏に趾瘤ができる可能性がどうしても高くなります。

また、若い時期には問題なく居られたとまり木が、老いた鳥の足には硬いものとなるケースもあります。10年以上、問題なく使い続けたとまり木が合わなくなることがあることも知っておいてください。

鳥の体の中で唯一羽毛に覆われていない脚部は、体温上昇時の放熱などにも利用されていることからわかるように、体部に比べて熱が逃げやすい構造になっています。

血流が悪化して足が冷えやすくなった老鳥では、毛細血管の隅々まで血液が浸透しにくくなり、その結果、酸素不足、栄養不足の細胞ができます。若いときには無縁だった足裏のトラブルが起こるようになるのはこうした鳥です。

細菌感染が強い痛みを

たこができても、鳥はほとんどそれを気にしません。しかし、進行してたこが大きくなると、ふくらんできた部分（たいていは、手でいう掌《てのひら》にあたる足の裏の中心部）がじゃまになって、とまり木に止まりにくくなるほか、それまで感じていなかった痛みも出てきます。

細菌が足の深部に浸入し、膿むようになると、強烈な痛みが鳥を襲います。その痛みは、「食欲旺盛で高齢になっても食欲が衰えなかった鳥がまったく食べられなくなるほどの痛み」といえば伝わるでしょうか。

人間では指先が化膿しただけでもかなり痛みますが、その数倍と考えてください。その痛みに、鳥は必死に耐えることになります。

いつもの生活を取り戻すには、早急に動物病院に連れていって抗生剤と痛み止めを処方してもらい、投与する以外にありません。

その際に、体重を落とす指導が入ることもありますが、痛みによる食欲不振が大きく体重を減少させる例も少なくないことから、逆に、体力を落とさないために食べてもらう努力が必要になることもあります。

やわらかいとまり木に

日中の長い時間をとまり木で過ごす鳥では、まずとまり木を、足のサイズに合った径で、できるだけ柔らかい素材のものに替えます。それだけでは不十分なことも多いため、柔らかくデコボコした伸縮テープをゆるく巻きつけて、とまり木の表面をさらに柔らかくします。

　痛みに耐えている時期の鳥は、とまり木には上がれず、床ですごす時間が多くなることから、さらなる悪化や別の部位の発症を防ぐために、鳥が過ごす床も柔らかいタオルやフリースの素材を敷くなどします。痛み止めと抗生剤を飲ませ、柔らかい場所で生活させながら治癒を待ちます。

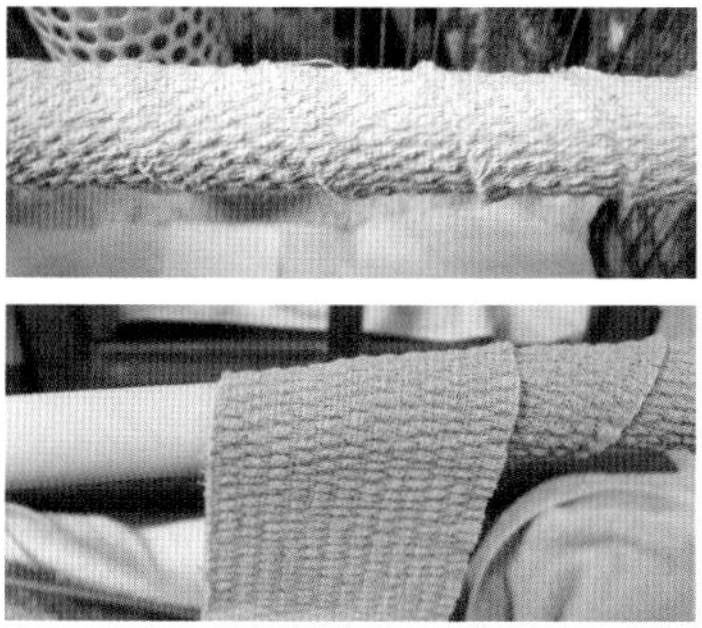
伸縮テープを巻いたとまり木の例と、使っている伸縮テープ。

細菌感染による悪化の事例

　細菌感染を起こした足は、通常の3倍以上の太さに腫れることがあります。また、そうした鳥を手の上に乗せた際、触れた足裏に感じたことのない熱を感じることもあります。抗生物質が効いて細菌の大部分が除去されるまでは痛みが消えないため、一定期間、鎮痛剤も同時に飲ませることになります。

　細菌感染で足裏が腫れ上がったケースの最悪のシナリオは、足裏中心部奥に特殊な繊維ができて、それが足の指を動かす（指を曲げる）腱を巻き込んで硬く締まってしまうことです。そうなると、指はまっすぐ伸びたまま曲らなくなります。

　指を曲げる信号が腱に届いても、足裏中心の奥にピンで止められた状態になっているため、指を曲げる腱の力はそこから先には届かなくなります。つまり完治後、歩くことはできても、つかむ力を失って、とまり木に止まれなくなってしまう恐れがあります。

　必要のない痛みを与えない、ともに暮らす鳥の寿命を縮めないという観点からも、老鳥の足裏にできた趾瘤を軽く見たりしないでください。

心を強くもってください

鳥との暮らしに必要なもの

かわいいと思う気持ちだけで鳥を飼うことはできません。

健康を維持した生活をさせたいと思うと、与える食べ物にもそれなりの費用がかかります。生き物ですから病気にもなります。専門医のもとに緊急搬送する必要が生じることもあるでしょう。

数千円で買ってきた鳥だったとしても、ごく若い時期から老鳥になるまでの10年、20年を考えると、食べ物や病院代など合せて100万円以上かかる可能性もあります。

鳥と暮らすには、それなりの費用がかかるということです。

同時に、変わらない気持ちも必要です。

相手は命ある存在。飽きたからいらないと捨てることは許されません。10年後も、20年後も、変わらず世話をし続けることができる安定した気持ちが不可欠です。

ことに、老鳥の域までしっかり世話をし続けるには、揺らがない「好き」という気持ちが要ります。

そして、本人だけでなく、鳥がどういう生き物なのか、家族にもしっかり知ってもらう必要があります。

「大事な鳥を家族が逃がした」という不幸な事故がないようにしてください。そして、ちゃんとその鳥が天寿をまっとうするまで、そばにいてあげてください。

そして、心の「強さ」が必要です

そんな老鳥と暮らす飼い主にもっていてほしいのが、「メンタルの強さ」と「逃げない気持ち」です。

老いた鳥は少しずつ体が弱ってきます。本書や『うちの鳥の老いじたく』で解説したように、目が見えなくなったり、歩けなくなったりすることもあります。

老いた鳥が安心して暮らすには、ともに暮らす人間が事実を冷静に受け止めて、試行錯誤も繰り返しながら、その鳥が最後までその鳥らしく生きられる暮らしを提供することが大事です。

　そのためにも、老鳥と暮らす飼い主には、「メンタルの強さ」をもってほしいと思います。

　老いが深まっていく鳥と向き合うには強い精神力が要ります。動揺することがあっても、それを引きずらず、つねに「よい」と思える判断を下し続けなくてはなりません。

準備しておくことで パニックは減らせる

　考えたくなかったとしても、この先なにが起こるのか考えてください。そして、その際に必要となるものを準備をしておいてください。シミュレーションができていると、いざそのときがきても、意外に冷静に対応できるはずです。

　そして、なるべくふつうの心で、その鳥とのスキンシップを続けてください。人間が好きで、ずっと愛情交換して生きてきた鳥には、最後の瞬間まで、そうし続けることが必要です。

「治す」のではなく、病気と共存するという考え方

治せない病気にもなる

病気になったら、とにかく早い完治を目指す！　私たちは、そんなふうに思いがちです。

ですが、すべての病気が治せるわけではありません。

治すことが難しい病気になってしまったとき、「もう治らない」と絶望するのではなく、「『この病気とともに生きよう』と気持ちを切り換えるのも、ひとつの道である」という考え方が人間の医療現場で少しずつ浸透してきました。

この20年で鳥の医療も驚くほど進みました。それでも、あらゆる病気が治せるようになったわけではありません。治療薬が存在しない病気も、手術が不可能な病気もあります。

それでも、人間の場合とおなじような考え方をもつことで、飼い主はより前向きに生きることができるようになるのではないかと思います。

今こそ鳥を師に

もとより鳥は、悩んでもしかたのないことをあれこれ考えたりしません。たとえ、足や翼を失っても、目が見えなくなっても、一瞬でそれを受け入れ、すぐさまその状態で生きる方法を模索し始めます。

もちろん鳥は、病気の深刻さを自覚しません。治らない病気になったとしても、鳥たちがするのは「今を生きる」ことだけです。それが鳥という生き物です。

人間は、「未来を想像する」という、ほかの動物がもたない力をもっています。人間が苦しみあがくのは、その力ゆえであり、「終わり」を意識してしまうからです。

愛鳥の病に対しても、本来その種がもっていた寿命まで生きられなくなったことに対する悲しみや、「なぜこの子が」という理不尽さに対する怒りが心に生まれ、心を焼きます。

愛している相手がいなくなる予感は、人の心にある種の狂気も呼び込みます。自分の感情が制御できなくなってしまうことさえあります。それでも、少し時間が経って、心に多少の冷静さが戻ってきたとき、「とにかく、この子のためにやれることを全部やる」と思うのではないかと思います。

自分を追い詰めないこと

未来を想像して、恐怖や悲しみに取り込まれる気持ちもわかります。でも、そんな感情によって、変化や状況を見きわめないといけない時期に、その鳥を「見る」ことがおろそかになっては、愛する者の寿命をさらに縮めてしまうことにもなりかねません。

余計なことは考えず、とにかく今を生き、明日を生きることだけ考える鳥を師として、ひとまずは、その病気とともに生きること、生きさせることを考えてください。

「こんな病気にさせて……」と後悔したり、自分を追い詰めるのは、その子が豊かな残りの鳥生を駆け抜けたあとです。今はその子といっしょに、これまでどおりでいけるところは、これまでどおりにすごすことを考えてください。

たとえそれが死に至る病だったとしても、鳥専門の獣医師と相談しながら、その鳥にとってよい暮らしを与え続けることを考え、いつもと変わらない笑顔を向ける努力をしてほしいと願います。

鳥が高齢化し、老鳥と暮らす人が増えてきている今、「無理に治そうとするのではなく、病気と共存しながらQOLを維持し、より精神的に充実した暮らしを与えることを考える。そうしたうえで、想定される寿命を超え、より長くともに暮らしていく方法を模索する」という選択肢があることを、おぼえておいてほしいと思います。

おもちゃを取る、おもちゃを与える

おもちゃを取る

生き物にとって、もっとも大事なことは生き抜くこと。鳥もおなじです。ただし、人間のもとで暮らすようになった鳥の心に「生存の不安」はあまりありません。眠る場所（ねぐら）も、食べ物も人間が用意してくれるうえ、安全まで保証されるからです。

野生では食べ物を探すことに多くの時間が取られますが、飼育下ではそれがなくなるため、自由になる時間が増えます。そして、時間をもてあます鳥も出てきます。

その結果、することがないので、ひたすら食べて太る鳥がいます。より健全なのは、遊びにエネルギーを向ける鳥です。身のまわりのさまざまなものを「おもちゃ」にして遊んだり、ともに暮らす人間に対して、いっしょに遊ぶことを促したりもします。人間そのものを使い勝手のよい「おもちゃ」に見立てる鳥もいます。

それを知っているがゆえに、ケージの中にさまざまなおもちゃ類を入れる方も多く見かけます。仕事や学校に行っているあいだも退屈しないようにという配慮が、そこには見られます。

正直なところ、日本の飼い鳥のケージの中のおもちゃには、少々、入れすぎの感もあります。多くの鳥は年をとると、遊ぶことよりもぼんやりしたり寝たりすることに時間を費やす傾向がありますので、そうした徴候が見えたときにはケージ内のもおちゃを減らすこと

多すぎるおもちゃは生活のじゃまにも……。

をお勧めします。遊ばないおもちゃがたくさん家の中にあっても、無駄に家が狭くなるだけですから。

遊べるものを入れる

ただし、老鳥においては、「遊べる」なにかをケージの中に追加した方が、よりメンタルが安定し、生活に潤いが生まれるケースもあります。それは、病気による軽い痛みや違和感が夜も昼も続いているような場合です。

強い痛みがあるとき、人間も鳥も必死に堪えるので精一杯です。

しかし、意識すると痛みや違和感を感じるものの、なにかに集中しているときは、その症状を忘れていられる、といったような場合、気を紛らわすものとして、ちょっとしたおもちゃが有効なケースがあります。

もともと活発で、自由に飛び回って遊んでいた鳥で、「遊びたいという気持ちはあるものの、動くと痛い。でも、動かなければほとんど痛くない」という場合も、あまり動かずに行ける場所に遊べるちょっとしたものがあると、ストレス解消の材料にもなります。

複雑で大きなものではなく、インコ類などの場合、ただかじるだけのもので十分。飲み込んだりする心配がない鳥の場合、ただちぎるだけの紙が有効なおもちゃとなる可能性もあります。

与えるポイントは、引っかかるなどしてケガをする心配がないこと、飲み込む心配がないこと。なにより、本人（本鳥）がそれが遊びたいと思えるものであること。

こうして追加されたおもちゃが、神経痛的な持病がある鳥、痛みの少ないがんに罹患している鳥などの生活向上につながる可能性があります。

コラム

覚悟と準備

知ることで充実する生もある、と

がんの宣告を受けるというのは、とても辛い瞬間ではあります。けれども、突然死されるよりはずっといいとも思っています。

定められた死を先に伸ばすべく最大限の努力をしながら、最後の瞬間まで濃密な愛情交換を続けることができるのですから。

女優の樹木希林さんも、著作の中で同様の言葉を残しています。「覚悟と準備ができるので、がんになって死ぬのがいい」と。

苦しくても、それは幸福な時間だったとあとで実感します。もちろん病気になどならず、肉体が限界を迎えて、静かに生命活動を終える大往生が望ましい未来ではあるのですが……。

90年代、オカメインコの寿命は20歳くらいといわれていました。家にオカメを迎えたとき、「がんばって20歳まで生きようね」と全員に言ったことを、今もよくおぼえています。

病気で11歳で逝かせてしまった子には、申し訳ない気持ちをもち、もっと長い生を与えたかったという後悔が残りました。「あのときこれに気づいていれば……」という思いはずっと消せませんでした。

異変

2019年の春に異変に気づいた22歳になる子は、同年8月にがんの宣告を受けました。突然、なにも食べられなくなり、危篤状態にもなりました。しかし、その後もちなおして、それまでの21年間に近い暮らしを今も続けています。

鳥のがんに対して使える抗ガン剤は基本的にありません。この子は高齢なので、手術もできません。無理に手術をしたとしても、手術の途中で心臓が止まるかもしれないと言われました。また、予後の悪いがんなので、患部を取り去る手術を無事に乗り越えたとしても、別の場所に再発する可能性が高いという話もされました。

そうした諸々のリスクを考えると、手術はせずに、これまでとおなじような暮らしを続け、痛みが出た場合はそれを取る治療を考えたほうがいい——。そういう提案をされ、それを受け入れました。

治らない病気を治そうとしてあれこれやってみても、鳥も人間も苦しいだけ。非科学的な治療に頼るような意識も、自分にはありません。残った時間をできるだけ楽しく、苦痛なく、有意義に。それが自分が下した選択です。

かつて、20歳まで生きればいいといわれたオカメインコは、実はもっと長い生物学的な寿命があり、もともと長生きな家系で、上手く生活させることができた鳥では、30歳を超えても元気でいる例が多数でてきています。

それだけ長く生きる鳥が増えると、やはりがんも増えます。20歳をすぎてから精巣ガンになったオカメインコもいます。鳥のメスは孵化前に片側の卵巣が萎縮し、痕跡を残すだけになりますが、なくなったはずの卵巣が晩年にがん化した例もあります。

今、うちの鳥は毎日その様子を詳しくモニターしています。そのうえで、ともに食べ、ともに遊んで、その日、その日を楽しんで暮らしています。この文章が、治らない病気の宣告を受けたときに、飼育者がどう受け止めたらいいのかを考える一助になってくれたらいいと願っています。

想像する力が愛鳥を「護《まも》る」

想像力が未来をつくる

まだ言葉で状況を伝えられない乳幼児の世話をするとき、なぜ機嫌が悪いのかなど、状態を想像しながら対応することが求められますが、鳥との暮らしでもおなじことがいえます。

声や態度による鳥の主張には、内面の心理に由来する明らかな理由があります。さまざまな行動にも意思や気持ちが背景にあります。

喜び、不満、嫉妬など、わかりやすいものもありますが、鳥がなにを思っているかの大部分は、想像するしかありません。想像して、その確認をして、ということの繰り返しの中で、その鳥の意思や心がわかるようになってきます。

ともに暮らす鳥が老鳥になったときも、若いころのことを思い出しながら、その鳥になったつもりで、状態や気持ちを想像してください。そのためにも、鳥と暮らし始めたときから、「その鳥になって考える」という習慣をつけておいてください。

愛鳥が年をとってきたら、人間の老人と老人に対するケアをイメージしてください。そして、自分が老鳥になったことを想像し、人間にしてほしいことをイメージしてください。

そうしたイメージが上手くできると、老鳥のケアもきっと上手くいきます。なにか困った事態が起きたとしても、想像する力があれば、愛する鳥を護れる可能性が高まります。

chapter

4

昔の暮らしを取り戻す

~リハビリもその一助に~

失われた力を取り戻すことは喜び

できなくなるとは考えない

人間も鳥も、若いころからずっとしてきたことは永遠にできると信じがちです。頭でも心でも、そう思っています。

それでも、年をとるにつれて、できないことがでてきます。

いつのまにか、早く走ることや飛ぶことができなくなり、指を開いたりにぎったりするときに微かな違和感を感じ、そのうちにこわばりを感じるようになって、強く意識しないと大きく開けなくなったり……。握力が落ちて、ものやとまり木をつかみにくくなったりもします。

これは鳥の例ですが、人間も歳を重ねると、おなじような状況になることはご存じでしょう。

「こんなの一時的なこと」と、人間は最初、自分をごまかそうとします。「今、できない理由」を頭の中に組み立て、その理屈で自分自身を納得させようとします。そして、「この瞬間さえやりすごせば、昔のようにできる」と自分に言い聞かせようともします。

しかしやがて、だれもが現実を無視できなくなり、「できないこと」を認めることになります。

受け入れても心の底では……

もちろん鳥も、その身に起きたあらゆる状況を受け入れます。

できないことは「できない」とすんなり認め、それに対応していくのが鳥だからです。体の不具合や、できなくなったことの受け入れに関しては、人間よりも鳥の方がずっとスマートで、変に悩んだり、じたばたしたりもしません。

しかし、「状況を受け入れること」と、「心がその状況をどう受け止めるか」は別の話。人間も、しかたなく状況を受け入れたりしますが、すべてのケースで十分に納得できているわけではありません。鳥だってそうです。

肩の関節に問題が生じるなどし

て飛べなくなった鳥は、もう回復しないとわかれば、その状況を受け入れます。自身の足で1メートルの距離を歩けなくなった鳥も、その状況を受け入れます。

　ですが、なんらかの理由から、もう一度飛べるようになったり、歩けるようになった場合、彼／彼女の心中に生じた強い「喜び」が、「飛びたがる」、「歩きたがる」といった行動を通して、人間にもはっきり伝わってきます。

　それを目にしたとき、本人（本鳥）も意識しなかった心の底にどんな気持ちが眠っていたのか、その鳥の本当の思いを、うかがい知ることができると思います。

鳥にとって「飛べること」は、やはり幸せなことのようです。

取り戻す喜びは人間とおなじ

　体に不具合が出ると「絶好の獲物」と認識され、死の確率が高まる野生の個体とはちがい、飼い鳥の場合、体が上手く動かなくなっても生活することは可能で、野生の個体のような「このままだと死ぬ」といった強い不安も感じていません。

　それでも、その状態が長く続くことで、自分がなにを失ったのか、明確に意識するようになります。

　しかし、ほんのわずかであっても以前のような状態に戻れたときの喜びは、予想外の幸運に、「これは奇跡？」と人間が叫ぶ瞬間に匹敵するもののように見えます。

動物はリハビリの概念をもちません

老化現象とは？

老鳥の体の機能が低下するプロセスについて理解するには、先に、「病気」と「老化」のちがい、そしてその両者に対する鳥の意識のちがいを知っておく必要があります。とても大事なことなので、先にその解説をしておきましょう。

身体の「老化」は、ざっくりいえば、機械における「部品の経年劣化」に相当するものですが、医療の視点からいうと、高齢の鳥の体に現れる「病気」の症状でもあります。

年齢を重ね、伸びたり硬くなったりした靱帯、変形した骨。コレステロールが付着して硬くなった血管。落ちてくる反応の速度。それらすべてに対応する病名があります。高齢の生き物の体の部分部分に現れる現象をまとめて、私たちは「老化現象」と呼んでいます。

鳥が感じていること

鳥にとっては、ケガを含む「病気」と「老化」に大きなちがいはありません。鳥からすれば、どちらもともに「体がおかしい」です。

例えば、足が動かなくなったことや目が見えなくなったことは、そのまま「現実」として受け止めます。それが、ケガか病気か老化かは関係ありません。原因にも関心はなく、だれかのせいにすることもなければ、自分の状況を不幸とも思いません。

事実をありのままに受け止める鳥にとって、老化が原因の身体機能の低下も、似た症状にいたるほかの病気も、みなおなじようなもの。

鳥にとって重要なのは、このまま か、よくなってもとに戻るかだけです。病状について、先の予想をすることもないので、「もっと悪くなるかもしれない」という危機の意識も、鳥はもちません。

このようなシンプルな心——感覚で鳥は生きています。

また、鳥は年齢という概念をもたないため、老鳥と呼ばれる年齢になっても、自分のことを老鳥と考えたりもしません。病気と老化を区別しないのは、そうした意識も関係しています。

老化も病気もおなじように対応

そのため鳥は、「病気」も「老化」も、おなじように対応しようとします。鳥の脳には、ほかのプログラムは存在しないからです。

体のある場所に強い痛みがあり、動かない、動かしにくいといった症状があったとき、それが消えるまで、あまり動かずじっと待つのが鳥のスタイル。

しかし、老化による変化や痛みは安静で治るものとはかぎりません。安静にして痛みが癒えたとしても、その部位の機能がもとに戻らなかったり、動きが悪くなっていることもあります。

つまり、老鳥において、いつもどおりにした対応が、結果的にマイナスに作用することが、実は結構な割合であるということです。

痛みがあってもあえて動かさないと、関節の可動域が狭くなってしまうことがわかっているケース。人間なら、整形外科医から痛み止めの薬の処方とともに、その関節を動かすことを促され、運動の方法などを指示されます。

けれども、そういうことを告げてくれる専門医は、鳥にはいません。ゆえに鳥は、自分の内にあるプログラムに沿って、「休む」という選択をするわけです。

肩関節の痛みなどから鳥が飛ぶことをやめると、ほんの数カ月で飛翔力を完全になくしてしまうこともあります。

しかし、そうならないための運動を、人間が意図してさせることで、飛べなくなるはずだった鳥の飛べる期間が伸びたり、飛翔力をなくしたように見えた鳥が少しだけ飛べるようになったりします。

本章で解説するリハビリとは、そうした鳥の欠けている部分を人間が補うための提案です。

リハビリによる生活改善の可能性

老いた鳥の生活改善

老化が始まった鳥に対して行えることとしては、鳥の状態に合せたケージの改造や、メンタルケアなどが挙げられます。

『うちの鳥の老いじたく』でそのやり方の提案を行い、そこで解説しきれなかったことを本書でも紹介していますが、老鳥に対してできることが、実はもうひとつあります。それは、身体の機能を維持するため、取り戻すための「リハビリ」です。

「リハビリ（リハビリテーション）」という言葉は、語源的には「ふたたび人間らしい状態に戻す」ことを意味しますが、すでに行われているイヌやウマなどのリハビリに倣い、本書では、その生物が本来もっていた機能を回復させる、という意味で使います。

鳥にもリハビリが可能？

小さな鳥にリハビリ？　できるの？　と思う方も多いことでしょう。結論からいうと可能です。ただし、すべての鳥に対して可能なわけではありません。

毎日歩くことで歩行能力を維持させる人間の高齢者用の歩行訓練プログラムのアレンジは、鳥にも有効なようです。それを行うことで、歩ける期間が延びること、また歩くこと自体が老鳥の体の血液循環を促し、健康維持にもよい影響を与えると考えられています。

鳥が飛べなくなる状況としては、腱や関節に問題が生じ、翼を持ち上げることができなくなる例があります。痛みがあったので少し翼を休めてみたら、飛べなくなっていたといったケースなどです。

人間の四十肩のような状態の鳥に対しては、肩を動かす訓練を続けることで、可動範囲の維持（可動域を狭めないこと）が可能である場合があります。飛べなくなった場合も、リハビリを課すことで、もう一度、飛翔する能力を取り戻せた例があります。

ただし、肩のリハビリによる機能回復が可能な鳥は、老鳥全体のごく一部だけです。腱の断裂が見られる鳥には実施が不可能で、大きく骨が変形しているような場合も訓練はできません。継続する痛みがある鳥にも実施できません。

また、リハビリが可能と判断された鳥でも、機能を取り戻せるかどうかは本人（本鳥）しだいです。そして、一度機能を取り戻したとしても、数カ月から数年でふたたびその力を失うことになります。

鳥におけるリハビリは始まったばかりで、専門家がいません。関心をもつ獣医師を含め、まだすべてが手さぐりで進められています。

リハビリが可能な部位と、リハビリできないケース

人間の場合、事故や病気などによって生じた、さまざまな部位の関節可動域の狭まりやマヒなどに対し、機能を回復する訓練が施されますが、鳥にできることは、

①肩：羽ばたきのリハビリ
②膝・股関節：歩行のリハビリ
③足指：グリップ力のリハビリ

の3点に、ほぼ絞られます。

イヌなどの場合、関節の手術をして、その後にリハビリをするといったことも行われていますが、鳥では関節手術は、ほぼ不可能。腱の断裂を整復する手術もできません。そのため、鳥の手術もリハビリも、狭い範囲に限定されます。

繰り返しになりますが、鳥が強い痛みを感じているときにリハビリはできませんし、それを行うことで病気の悪化が想定されるケースもリハビリは不可です。いずれにしても、かかりつけの獣医師に、「こういうリハビリを試みたい」と相談してから始めてください。

コラム

なぜ、これまで鳥にリハビリが行われてこなかったのか

新たな試み、リハビリ

「リハビリ」という文字が書かれた鳥の飼育書はないと思います。

理由は、そういう概念をだれももっていなかったから。

獣医師の多くも不可能だと思っていましたし、仮に、やってみたい気持ちをもった先生がいたとしても、日々の診察、治療だけで手一杯で、リハビリまで手を伸ばせなかったというのが実情でした。

機能回復を目指した動物のリハビリは、イヌやウマなどの哺乳類で行われています。日本動物リハビリテーション学会という専門学会もあり、十数年に渡って活動しています。そこには多くの専門家がいて、主要動物の骨格の構造などに対しても理解が深まっていました。しかし、鳥についての情報は、ほぼ皆無――。

特に、一般家庭で飼育されている小鳥類は小さすぎて、目的に沿った訓練をさせるということは難しいものがありましたし、マッサージなど、直接触れてなにかをしようにも、逃げる、暴れるなどして、安全にそれを行うことはかなり困難でした。

素人である飼育者が、個人的になにかしたいと思っても、鳥種ごとにも微妙に異なる鳥の骨格構造を正しく理解し、関節が動かなくなるとはどういうことなのか、獣医学的知識も吸収したうえでチャレンジするにはハードルが高すぎました。

そんな事情から、これまで機能回復を目指した鳥のリハビリは行われてきませんでした。

まだまだ手さぐりです

それをあえてやってみたのは、わずか半年間で飛べなくなってしまった、ともに暮らす鳥に、もう一度だけでも飛んでほしいという願いがあり、自身の鳥なら、危険なことはさせない範囲で、

試験的なリハビリならできると判断したからです。

自分の専門は物理学で、鳥の骨格標本にも直に触れたことが幾度もあり、ともに暮らす鳥の各関節の可動域を含む身体の状態はヒナからずっと把握できていました。鳥の体や精神についても、20世紀の末から複数の専門家のもとで学ばせていただいていました。

そうした基礎をよりどころにして、ケガをさせるようなことや、本人が痛がるようなことは一切しないという条件を課して、試行錯誤でやってみたことが一定の成果をあげ、東京、横浜、大阪などで講演もさせていただきました。

こうして書籍で紹介できたことは幸いですが、まだまだ、この分野は始まったばかり。これからも手さぐりが続きます。

自分自身も腰や股関節に持病があり、リハビリを経験しています。親族も、股関節の手術後のリハビリや、動かなくなってきた膝関節のリハビリを今も続けています。

鳥のリハビリ、人間のリハビリは意外と近く、やることの基本はおなじで、人間のやり方の応用もきくことから、それを行っている複数の病院、老人保険施設の理学療法士の先生にインタビューをして、機能回復プログラムのことを教えてもらっています。

一方で、鳥も多数飼育する理学療法士の先生と鳥のリハビリ方法や訓練方法についての相談も始めています。鳥のトレーニングの専門家と組み、遊びを通して少し多めに歩いてもらうための、クリッカーなどを使ったリハビリプログラムづくりを今後していく予定です。

まとまった成果が出るのはまだ先ですが、進展があったときは、書籍や雑誌記事を通して報告したいと思います。

リハビリをする目的

鳥らしい生き方を取り戻す

鳥は一般の人々が思っているよりずっとメンタルな生き物。豊かな感情をもって生きています。

さらには、嬉しい・楽しいというプラスの感情をもち続けると、体調が上向きになったり、免疫力が上がったりします。そして、幸せに包まれている老鳥は、ほかの鳥よりも長生きできる可能性があるとも考えられています。

一度は飛べなくなった鳥がもう一度飛べるようになったり、歩けるようになると、人間が思う以上の幸福感を鳥にもたらします。

そうした事態によって上を向いた気持ちが生きる気力を強め、その鳥の寿命を延ばせる可能性があります。またリハビリは、老鳥に欠けがちな運動にもなり、老化を進める体内の活性酸素を減らす効果もあると考えられています。

リハビリはアンチエイジングにもなると期待されます。

つまりリハビリは、その鳥が一度失ってしまった能力を取り戻すことに加えて、アンチエイジングの効果も発揮する可能性があるということです。

人間のような、「最後にもう一度空が飛びたい」、「もう一度走りたい」という思いは、おそらく鳥の中にはありません。しかし、成功したリハビリによって取り戻した力は、人間がそうであるように、鳥にとっても満足のいく終盤の鳥生を与えると考えられます。

老鳥には、それまで生きてきた時間に比べると、あまり長くない時間しか残されていません。その時間を、最後までその鳥らしく生きる手助けをすることが、ともに暮らす鳥に対するリハビリの目的となります。

もう一度空を飛ぶためのリハビリ

飛べない状態

先にも解説したように、鳥は、胸にある二層の筋肉（大胸筋、小胸筋）を交互に収縮させることで翼を上下に動かし、空を飛んでいます。筋肉（筋肉からのびた腱）は、翼上部の骨（上腕骨）の上と下についていて、上か下か、筋肉が縮んだ方が引っぱられて、翼が上がったり、下がったりするしくみです。

このうち、翼を持ち上げる筋肉は、肩の手前で腱となり、肩の骨の上を滑るかたちで上腕骨の上の方につながっています。腱の部分が長く、そこに老化の影響も出やすいことから、上側の方に問題が生じることが多いようです。

【肩関節】可動域が減る

【翼を持ち上げる筋肉と腱】

肩の骨の上を腱がうまく滑らなくなると翼が上がりにくくなる。腱が硬くなっても動かしにくくなる。

【翼を打ち下ろす筋肉と腱】

硬くなり、柔軟性がなくなると、常に肩を引っぱっている状態になり、本来の長さ（位置まで）伸びなくなる（＝翼が上がらない）

鳥が飛べない状態というのは、ざっくりこのようにまとめることができます。ここで示したように、肩関節か、翼を持ち上げる筋肉か腱か、翼を打ち下ろす筋肉か腱のいずれかに問題が出ている状態であるといえます。

腱の断裂などにより、翼が下がったまま完全に動かないケースを除いて、鳥は翼を上下に動かすことができます。しかし、しっかり上まで翼を上げて、一定以上の力で、一定以上の幅（角度）を振り下ろすことができないと、飛ぶための十分な力がつくれず、体を宙に浮かせることができません。

さらにいうなら、地面や樹上に降りようとした際、しっかりとした羽ばたきができないと、速度を十分に落とすことができないため、安全が確保できません。多少は飛べる状態であっても、ドンと地面にぶつかるなど、着地においてケガや死の危険があると判断すると、鳥は飛ぶことをあきらめる傾向があります。

詳細はわかりません

　肩関節や靭帯については、関節部の炎症の慢性化などによる可動域の減少や、石灰化などの靭帯の不具合、筋力の低下、基礎体力の低下などが原因となるさまざまな状況があることから（複数の要因が重なることも多いです）、飛翔できなくなる理由を正確に突き止めることは、実は困難です。

　関節内部や腱の状態を、なんらかの手段によって「見る」ことは、現在の獣医学でも不可能なため、鳥専門の獣医師の診察を受けたとしても、「動く／動かない」、「どこまで動く」といった確認から状態が推測されるのみで、処置としては、痛み止めを飲ませる、安静にさせる、といった対処しかほぼできません。

　鳥の体をよく知る獣医師が、胸筋、胸骨、肩から肋骨、翼を順に触診し、無理のない範囲で翼を動かしても痛みを感じていない様子を確認したのち、翼が持ち上がる角度、可動の範囲を確認することで、おおよその状況を推察することは可能ですが、正確な理由の診断はかなり難しいといいます。

　それでも、骨に異常がないか、翼の可動域がどこまであるか、羽ばたきの際に痛みがあるかどうかは、はっきりわかります。これらに問題はなく、腱の断裂もないと獣医師が告げた場合には、ひとまず肩のリハビリをしてみても大丈夫という判断に至ります。

羽ばたき練習中。

羽ばたきには大きな効果が

　巣立つ直前の鳥のヒナが巣の中や巣の近くで羽ばたいている映像を見ることもあると思います。人

間から見ればたいした運動には見えませんが、実はそれは機能的な運動であり、それだけでも飛ぶための十分な訓練になっています。

ヒナの時期を脱しつつある若い鳥は、羽ばたきによって筋力を高め、翼の動かし方のコツをつかんでいきます。

加えていうと、「羽ばたき」は、大人の鳥でも意外にしっかりとした運動になるため、引きこもりがちな鳥に運動をしてもらう方法としても、「アリ」だということが獣医学的に判明しています。

肩の機能回復プログラム

こうしたことから、肩の機能回復プログラムの第1のポイントは「羽ばたいてもらう」、です。

安全に羽ばたいてもらうためには、訓練場の床がやわらかい素材であることが大切です。下にクッションや布団があると訓練する人間も、プログラムに沿って羽ばたきをすることになる鳥も安心です。

飛べなくなった鳥は、落ちることを怖がります。

ですから最初は、低い位置からスタートします。人間が床に座り、手の指に鳥を乗せた状態で羽ばたかせるのがいいでしょう。

人間が一定以上の速度で手を下げると、鳥の脳は重力の変化を感じて「羽ばたけ」という信号を翼に送ります。それが飛翔力を取り戻すための第一歩になります。

なお、このプログラムは人間に対して信頼があり、指に乗ってくれる鳥が対象です。人間を信頼していない鳥や、指に止まることを嫌がる鳥には使えません。

ただ、指だけが嫌という場合は、とまり木的なものに止まってもらい、先端を人間がもつかたちで同様の羽ばたき練習は可能です。

肩のリハビリ
基本プログラム　手順

これは、うちの鳥に実行し、飛翔力を取り戻したプログラムです。鳥種はオカメインコ・メス（21歳前後／当時）。　数カ月の回復訓練を経て、飛翔力を取り戻しました。

0 **ふわふわのクッションか布団を床に用意します**

※やわらかい床は、鳥が指から落ちてしまったなど、万が一のケガにそなえて必須です。

1 **鳥を指に乗せます**

2 **クッションの上に移動します**

3 **最初は高さ30センチメートルくらいとか、あまり高くない位置に指をもってきてください**

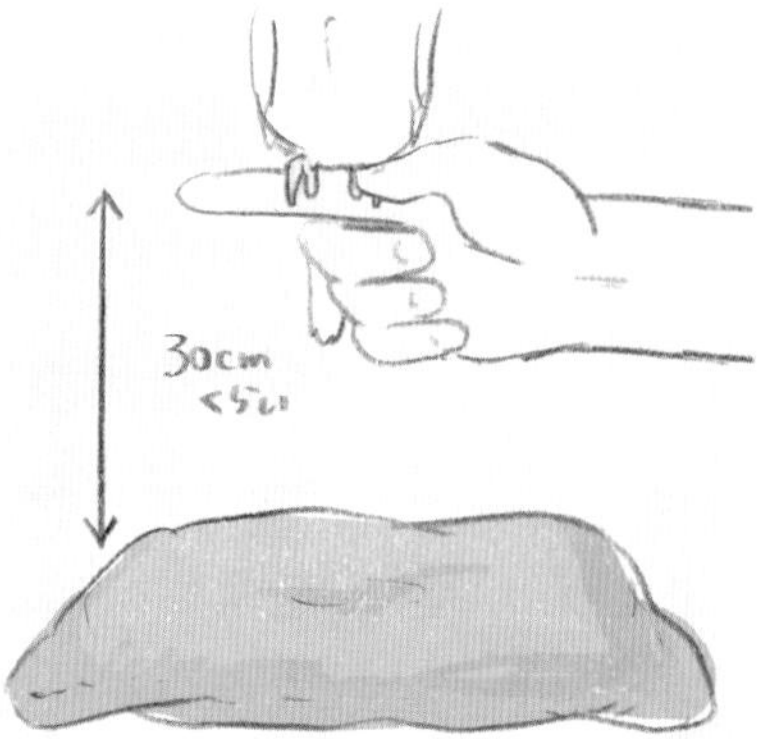

4
数センチ指を下げます
鳥は指が急に下がると自然に羽ばたきます。あまりゆっくりだと、鳥は指にしがみついているだけで、羽ばたきません。逆に急だと大慌てで翼を動かします。鳥が羽ばたき始める速度をまず確認して、それよりわずかに速く指を動かします。4～5回、羽ばたくくらいの距離、指を下げてください。

5
それを4～5回やって、ワンセット。最初は1日1セットで十分です。

6
少し慣れてきたら、昼と夜、やってみてください。
基本は毎日ですが、時間が取れないときなどは無理にやる必要はありません。
※鳥が疲れやストレス、痛みなどを感じている様子があった場合、獣医師の先生に相談してください。

7
4週間ほどしたら、少しだけ開始位置を高くして、上下移動の距離を増やすことで、羽ばたく回数を増やします。

※鳥の主治医のいる病院が主催の講演でも発表させていただいたもので、無理のないプログラムだと考えますが、それぞれの鳥に合ったペースもあると思います。鳥の肩のリハビリプログラムは開発途上のものであるため、ひとまずは参考としていただければよいかと思います。鳥に無理をさせない、ケガをさせないことを意識して行ってください。

7・5

羽ばたきの訓練とともに、床を歩かせる訓練も同時進行させます。

※同時進行で、相互によい影響が出る可能性があります。（次項参照）

8

4～5週経ったところで、一度状態を確認します。

指に止まらせて、最初の羽ばたき練習をした高さに連れてきます。指を鳥の顔が向いた方向にゆっくり回転させます。すると、鳥は前に「つんのめる」ようにして落ちます。その際、鳥は自然に羽ばたきます。その様子を観察してください。すぐ下に落ちるのではなく、数十センチから1メートルほど前方に行けたなら、リハビリの効果が出始めた、ということです。

9

このあとは3～6カ月ほどおなじ訓練を続けます。

数週に1度、8のようなテストを挟んでください。飛べるようになってきたら、最初よりも少しだけ高い位置で指を回してください。

10a

飛べるようになった

リハビリは成功です。状態を維持するために、羽ばたく練習は続けてください。

10b

飛べないまま

半年続けても変化がない場合、残念ですが飛翔力は戻らない可能性が大です。

【うちの鳥の病状とリハビリの経緯】

飛翔できなくなった鳥のリハビリの記録と経過
オカメインコ♀、ルチノウ（日本生まれ）
２０１６年当時、推定21～22歳

（２０１５年　足をひきずるしぐさあり）
２０１６年２月　ふつうに飛ぶ。高い位置へも（驚くと飛び立つ、ほか）
２０１６年３月～［振り返ってみると］ケージからでたがらない
２０１６年９月　ほとんど飛べなくなる
前に進めず、床に落ちる
２０１６年10月　リハビリスタート！
２０１７年６月　水平方向には3メートル以上飛べるように
２０１８年12月　ふたたび飛翔が困難に……
２０２０年２月　足腰が弱ってきた印象
歩行能力が低下

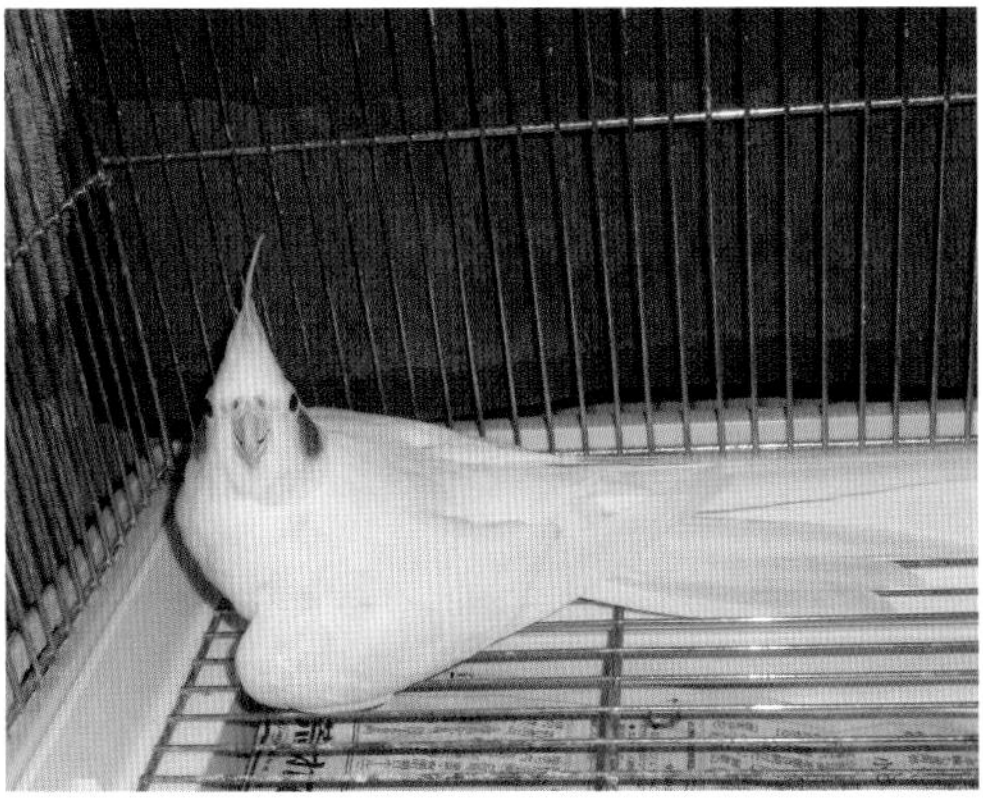
引きこもり中。

飛んでカーテンにつかまる。

【経過と現在、反省点など】

早くリハビリを始めたら もっと飛べたかも……

飛べなくなった時期は、21～22歳と推測されます。20歳以前は食餌制限をしていましたが、それが不要になって、高齢であることを認識し始めた頃でした。

十分に飛べた時代は、照明の上にも。

ずっとふつうに飛んでいたので突然飛べなくなるとは予想していませんでした。それがわずか半年ほどで、ほとんど飛翔不能に。リハビリで戻るかもと考え、安全なやり方を頭の中でシミュレート。そして組み立てたのがp98～100で紹介した手順です。

数カ月のリハビリを経て、高い位置まで行くことはできないまでも、水平方向なら数メートル飛べるようなりました。怖がることなく、テーブルからも羽ばたいて床に降りられるようになりました。

最初は不安そうで、自分がふたたび飛べるようになったことを疑っているようでした。隣の部屋から呼んでも、テーブルから飛ぼうとしません。しかし、何度か飛ぶと、「あたし、飛べる！」と確信した様子。今度は逆に飛びたがるようになりました。

しかし、飛翔できるようになっても着地はずっと下手なままで、しりもちをつく日々。ケガはないものの、尾羽がことごとく途中で折れました……。その顛末は章末のコラムで紹介しています。

後悔しているのは、数カ月間、あまり外に出たがらず、自分から一切飛ぼうとしなかった時期にきちんと状態を確認しておかなかったこと。本人の気持ちを尊重して、あまりケージから出さずにいたあいだに翼がかなり衰えました。この時期に細かく様子を確認して、飛べなくなりつつあることを知っていたら、もっとリハビリ期間を短くできて、もっと飛べるようになっていたと思います。

羽ばたきや歩行は老鳥にとってよい運動に

適度な運動には抗老化作用がある

老化には、体内でつくられる「活性酸素」が強く関わることがわかってきました。適度な運動が老化の進行を遅らせるために有効であることが、人間だけでなく動物においても確認されています。

ふつうに飛んでいた鳥が飛べなくなり、ケージに引きこもるようになると、これまで自然につくられていた体内の「抗酸化酵素」が激減し、老化が加速する可能性があると考えられます。

そうしたことから、羽ばたきの訓練は飛行能力を取り戻すだけでなく、老化の進行を遅らせる効果ももつと考えていいようです。

歩行訓練も同様で、飛べなくなっても老後も歩く力を失わず、飼い主に向かって歩いてこようとする鳥は、その行動自体が老化を遅らせる効果をもつと考えることができます。

先に紹介した飛翔力を取り戻すためのリハビリと、このあと紹介する歩行能力を維持するためのリハビリは、本来の目的であるリハビリだけでなく、鳥のアンチエイジングにも効果をもつと考えてください。

飛翔力が戻った老鳥が、また飛べなくなった場合

また飛べなくなります

訓練で飛翔力を取り戻したとしても、老鳥はやがてまた飛べなくなります。早ければ半年、長くても数年で飛ぶことができなくなります。

飛べるようになった後、リハビリの「羽ばたき訓練」を継続していたとしても、回避はできません。それが老化。老化は、逆回転できません。

「もう少し負担を大きくした二回目のリハビリをしては?」

そう考える方もいるかもしれません。しかし、二度目のリハビリは体に負担をかけるだけ。不可能と思ってください。

無理をさせるとケガをします。逆に、命を縮めることになってしまうかもしれません。ふたたび飛べなくなったあとは、その鳥らしい静かな余生を考え、ゆるい暮らしを提供することを提案します。

運動不足解消と老化の進行を遅らせる目的での「羽ばたき訓練」は継続してもいいでしょう。

ただし、毎日行うような「義務」ではなく、コミュニケーションの一環としての、ゆるい「習慣」として行うのがよいように思います。

歩行機能の維持でアンチエイジング

歩けない状態とは？

跛行《はこう》する（足をひきずる）など、「歩くことに支障が見える」という症状を示す高齢鳥の状態、病気はいくつもあります。

股、膝、かかと・足首のほか、指の結合点であるいわゆる足の裏（人間では指先の手前に相当）、足の指の関節内部や周辺、靱帯に問題が生じることで、上手く動かなくなったり痛みが生じて歩行が困難になります。

人間に似た状況と見ることができますが、鳥の関節部には人間のような軟骨は少ないため、軟骨がすり減って痛む、という症状はないと考えてください。

症状の進行によって障害の程度はまちまちで、気をつけて見ないと歩行に不自然さがあることにも気づけないレベルから、完全に動けないレベルまで、さまざまな状態を見ます。

獣医師の診察を受けることで、どのあたりに問題があり、そこに痛みがあるかないかはわかりますが、翼の場合とおなじく、中がどうなっていてその症状が出ているのかはわかりません。このあと症状がどう進行するかはわかりますが、進行の速度を正確に推測することはできません。

症状を引き起こしている原因のうち、腱の断裂や硬化については、レントゲンやMRIをかけたとしても、患部の位置やその中を正確

に知ることはできません。そのため、関節の動きの状態はどうか、動かすにあたって痛みがあるかどうかを中心に診て、その旨、結果が告げられることになります。

歩くことを禁止されなければリハビリを

骨に異常があって完全に歩けなくなっている場合を除いて、歩くことを禁止されることはあまりないと思います。

細菌感染などがあってそれが痛みを生んでいる場合、抗生物質と消炎・沈痛の薬が処方されますが、そうでなければ通常の老化による機能低下として、薬の処方や対処の指示は行われません。

大きく動かしたり、急に動かしたりすると痛みが出ることがあっても、ふだんは痛まない。少し引きずるようでも、歩くことは歩ける。そんな鳥に対して、歩行のリハビリを行うことができます。

飛ぶ訓練は一部の鳥が対象でしたが、歩行訓練は歩く能力をまだ有しているすべての鳥が対象となります。

訓練は歩行機能維持のため

鳥によって進行はまちまちですが、なにもしなければやがて歩行する能力はさらに衰えて、歩くことができなくなります。

もちろん鳥はその状態も受け入れ、動けなくなったとしても、それなりに生きようとします。けれども、歩けるのなら歩きたいと思うのが生き物です。

鳥の下半身のリハビリ、歩くことに関するリハビリは、厳密には「もとの機能を取り戻す」ためのものではありません。

このリハビリの目的は、現状を維持し、歩ける期間を最大限に延ばすためのもの。リハビリをする

好きな人といっしょにいたくて、ついていこうとするのもリハビリになります。

ことで、歩行能力が少しだけ向上する例もあるとは思いますが、それはわずかと考えてください。

歩ける期間が長くなれば長くなるほど、その鳥の余生は長くなると考えられます。歩く訓練をして、毎日少しずつでも歩かせることが、その鳥に必要な適度な運動になり、それがそのままアンチエイジングになるということです。

訓練はシンプル

放鳥時、ケージから出した際、人間は少し離れたところに移動します。そこから、その鳥を呼んでください。「おいで！」と。

その鳥が好きなおもちゃを近くに置いて見せたり、好きなおやつを見せて呼ぶのもいいでしょう。

老鳥になって食が細くなり、痩せてきた鳥には、脂肪分の高いものを除いて、食べたいものを自由に食べさせても問題ないので、若いときにはあまり与えられなかった「おやつ」も有効に使ってみてください。

足腰が弱ってきたからとずっと肩の上や手の上にいさせるだけでなく、呼びかけて、その鳥のペースで歩き寄ってくれることが訓練です。

放鳥時にそれを何セットか続けるだけで、歩ける期間を延ばすことができます。

そうして好きな人間の元に歩みよること自体が楽しいとその鳥が思ってくれるようなら、その気持ちもまた、よいアンチエイジングとなります。

仲間のところに行こうという気持ちもリハビリに。

足指の機能回復にはマッサージ

機能回復は腱が切れていないことが前提

指が握られた状態で動かなくなったり、すべての指が伸びた状態で動かなくなると、飛翔する鳥は枝やとまり木を握れなくなります。地上に降りていることも多いインコやオウム類は、その状況にも順応しようとしますが、フィンチ類は大きな戸惑いを見せます。

鳥の足指は、膝、かかとを通る2系統の細い腱によって操作されています。老化した腱は硬くなり、強い衝撃で切れてしまうことがあります。硬化して動かなくなることもあります。そうなってしまった場合、手術による整復も、リハビリも不可能です。

足指のトラブルは、腱の断裂や完全な硬化によるものが多いのが現状です。

リハビリが可能な症状

関節部の腱の滑りが悪くなったり、腱の硬化が進んできたことで、足指がこわばったり、動かしにくくなった鳥。このケースでは、腱に問題は出てきているものの、腱本来の機能は失われていません。

足裏にできたたこ（趾瘤）から細菌が浸入し、骨や腱のある深部に至った場合、そこに繊維組織の固まりができ、繊維が腱にからみつくように急成長することがあります。わずか3日ほどで病状が進行し、患部がもともとの数倍に腫れ上がるとともに、指が動かなくなってしまう例もありました。

こうしたケースでは、指を動かす腱が途中でピンで止められたような状態ではあるのですが、腱自体は切れてもいなければ、硬化もしていません。

ここで挙げた2例のようなケースのみ、リハビリによる機能回復の可能性があります。ただし前者は、足指が動かなくなるタイミングを少し遅らせるだけで、元に戻す効果は残念ながらありません。

後者は、運がよければ、腱にか

らみついた繊維がはがれ、ふたたび動かせるようになる可能性があります。残念ながらこちらも絶対ではなく、一部の鳥に有効な場合がある、というレベルです。

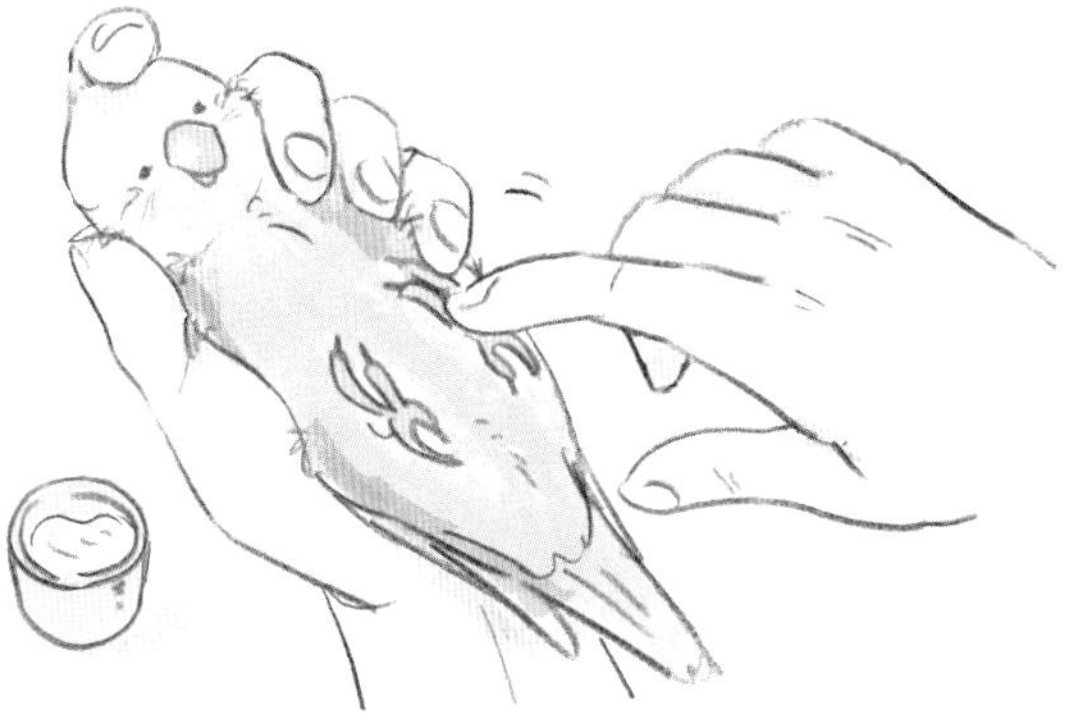

マッサージが有効

こうした事例で、まだ機能を取り戻せる可能性がある鳥に対しては、患部である足の裏、足指の「マッサージ」が有効である場合があります。それ以外にできることは、実はあまりありません。

腱においても、その部位の血流の低下が老化を促すことがわかっています。つまり、血行をよくすることが状況の改善につながります。それはすなわち、問題が起こる以前から血流をよくしておくとアンチエイジングにつながる、ということでもあります。

ただ、頭や背中を撫でられることは好きでも、足を触られることはイヤ、という鳥も多く、そうした鳥に対して無理に患部のマッサージをしようとするとケガにつながることもありますので注意してください。ケガをされては元も子もありませんから、マッサージは触ることを許してくれる鳥に対してのみ行えると考えてください。

なお、血行改善ということについては、歩いたり飛んだりするなど、ふだんから一定の運動をしている鳥は、そうしていない鳥よりも全身の血流はよい状態になっていて、総じて寿命も伸びる傾向があります。

横浜小鳥の病院で処方されたクリーム。鳥の口に入っても問題のない成分です。

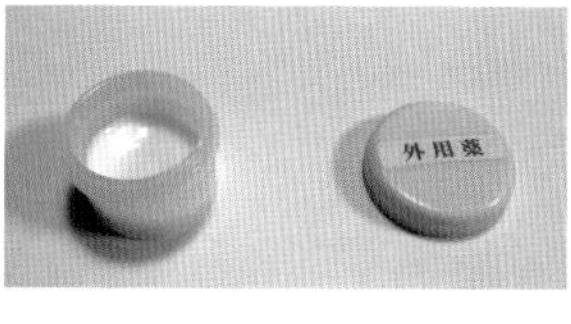

マッサージは痛みを取ってから

リハビリにつながるマッサージが可能な場合、それを行います。

可能なリハビリは、できるだけ早く始めたいところですが、細菌感染等で強い痛みがある場合は、まずは抗生剤と鎮痛剤で治療を行い、痛みが引いてからリハビリを行います。

患部に強い痛みがある鳥の足には、マッサージはおろか触ることもできません。無理に触ると、大きく暴れたり、飛んで逃げようとした結果、数メートル飛翔したのち落下し、足を強く打って患部をさらに悪化させ、痛みを倍増させてしまう可能性もあります。それでは本末転倒です。

なお、足に傷やたこがある鳥にマッサージをする際は、手をきれいに洗い、消毒してから鳥を触るなど、ふたたび細菌感染が起こらないように注意を払いつつ行ってください。

たこができた鳥に関しては、少しでも患部を柔らかくして「かさぶた」としての早期の剥離を促し、乾燥からも守る目的で、患部に塗るクリームが処方されるケースがあります（前ページの写真参照）。

実は、これがかなり有効です。

対応は、1日に2～3回、患部にクリームを塗り込むだけ。

指先につけたクリームを足の中央部など、患部に摺り込み、しっかり浸透させせます。

長時間のマッサージには及びませんが、毎日2～3回、足裏にクリームを塗り込むという行為は、意外に高いマッサージ効果を発揮することが確認されています。保定から塗り込むまで最短で10秒、長くても20秒ほどで済みますので、鳥の負担もそれほどではないようです。

クリームを塗ったあとは指に止まらせて、「お疲れさま。えらかったね」などと語りかけてあげてください。その際、少し前後に指を振ってみるなどするのも、実はマッサージを継続したのと同等の効果があります。

指を振ると、クリームで足裏が少し滑りやすくなっていることもあり、不安定さを少しでも減らそうと、鳥はしがみつくように無意識に足で指をぎゅっとつかもうとします。より安定する場所を探して指を握り直すこともあります。それがセルフマッサージの効果を生みます。

ここまでをワンセットとして、1日数回行うと、それなりのマッサージ効果が期待できます。

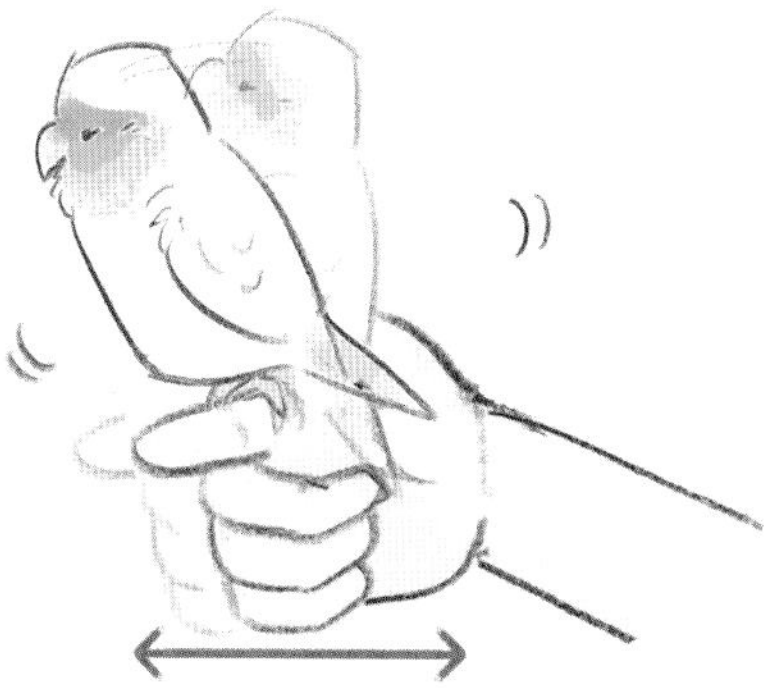

【うちの子のケース】

足裏トラブルにマッサージの例

前年11月 たこが大きくなったため、病院を受診。抗生物質による治療が スタート。
痛み止めの薬はなし。

2月 細菌が患部の奥まで浸入。足裏の中心部が３倍に腫れる。
強い痛みが発生。歩けなくなる。
これまで使っていた抗生剤の耐性菌ができたイメージ。
別の抗生剤を投与するも効かず、２種類の抗生物質の混合薬を投与。
なんとか効いて、痛みは減少。
しかし、後ろ指２本が伸びた状態で動かなくなる（両足）。
これはわずか３日ほどで進行した。

３月 クリームを使ったマッサージを開始（朝・昼・晩）。
１回20秒以下の短い時間ということもあり、受け入れてくれる。

５月 マッサージ開始から約70日後。動かなかった後ろの短い方の指が動くようになる！
偶然、繊維の絡まりが解けて、腱の動きが指に伝わるようになったためと獣医師は判断。

8月 残りの長い指はそのまま。
大きな変化なし。（両足とも）
※さらに１年半経ったが、
変化なし。（悪くもならず）

コラム

飛びたがりによる事故のこと

「飛べる」と思うと……

リハビリによって飛翔力を取り戻すことに成功した鳥は、最初こそ慎重で、「飛べたのはまちがいで、本当は落ちるかもしれない」と思うのか、なかなか自発的に飛ぼうとしません。

しかし、数メートルとはいえ、確実に飛べて、羽ばたいて制動をかけ、安全に降りられる力も取り戻したと、数度の飛翔で強く実感すると、今度は逆に、自分は「飛べる」と過信するようになります。

飛んでもそれほど危険ではない、30センチメートルや50センチメートルという高さからだけでなく、立った状態の人間の肩からも飛ぼうとする鳥がでてきます。翼のリハビリのあと、もっとも気をつけたいのがこの時期です。

昔の自分の飛翔イメージが頭に浮かぶのか、今の自分にそれはまだ危険と告げる意識が麻痺したかのように、いきなり飛んでしまうケースもあります。

そのため、飛びたがりの鳥を肩に乗せた状態で立ち上がらないでください。立って歩く際は、テーブルなどに移動させてからのほうが無難です。ついていきたい鳥、おなじところに行きたい鳥が、それほど高くないテーブルから羽ばたいて飛び下りたとしても、危険は少ないので。

もう飛べないと思っていた自分がふたたび飛べるようになった喜びは、アイデンティティーを取り戻した歓喜と理解できて、共感できるのですが……。

ちなみに飛べることに狂喜したうちの鳥は、制動をかけるのが下手・不十分にもかかわらず、やたら「飛びたがった」結果、お尻から落ちて尾羽が途中からぽきぽき折れました。

chapter

5

長生きさせる環境のつくりかた

～必要なことをどう補完するか～

目指す環境改善の方向性

老鳥にとっての「長生き」の意味

まだ挿し餌《さえ》も終わっていない幼い鳥を家に連れてきて願う「長生き」と、老鳥に与えたい「長生き」はちがいます。

若い鳥の場合、大きな病気も体の障害ももっていなければ、適正な環境と適切な食べ物を与えることで、その種がもつ寿命いっぱいまで生きさせることができます。

一方、老鳥の場合、その鳥がもっているはずの寿命をいたずらに縮めたりしないことが「長生き」という言葉に託される指針です。

寿命は、その鳥がもともともっている親から受け継いだ資質と、ヒナの時期の栄養状態や暮らし方、長い青年期の過ごし方と食餌内容、肥満の有無などによって決まってきます。

本当の意味での「長生き」をさせたいと思ったなら、若いころ、そして青年期の暮らしがすべての鍵を握ります。それはおぼえておいてほしいことです。

寿命を縮めない暮らし

『うちの鳥の老いじたく』でも書きましたが、年をとると暑さ寒さに弱くなります。昨年までは平気だった気温で体調を崩すことも出てきます。暑い時期の熱中症にも、より注意が必要になります。温度管理の失敗は、老鳥では死にも直結する重大事と認識してください。

また、鳥にとって、今までできていたことができなくなるのは、やはりストレス。身体に不調を及ぼすようなものとはちがいますが、それでも精神的な辛さはあります。可能なメンタルのケアはしてあげたいところです。

温度管理と同様に、問題が起きたときにいち早く気づき、対応することが老鳥の長生きには重要です。また、なにがアンチエイジングにつながるか、飼い主が理解して実行することも大切です。

老鳥でも、「歩かせる」など、適

度な運動は体調維持には不可欠ですし、老化の防止によい影響を与えることもわかっています。

鳥にとっては、「気持ちの維持」も重要で、年をとっても「大好き」という気持ちを、撫でる、声をかけるなどの手段で、飼い主がしっかり伝えることで、「昔と変わらず愛されている」という自覚をもちます。

そしてそれが、精神を安定させるとともに、老化速度を遅くする効果をもつこともわかっています。

環境の改善や飼い主の意識改革の方向としては、「老後の生き方が楽になる。その子の気持ちが前向きに変わる」ことを目指してください。それがきっと、その鳥が天寿をまっとうすることにつながっていきます。

より大事になる保温

老鳥には過保護くらいがちょうどいい

いまだに「保温は必要ありません」と言う獣医師もいます。「保温しすぎは弱い鳥をつくります」という言葉に従って、それまでしていた保温をやめてしまう。意外にその冬は乗り切れて、翌年もおなじように保温をやめたり、さらに低い温度に設定したところ、体調を崩したり、それがもとで病気を発症してしまうケースも見られます。

一定年齢まで、長く高めの室温で暮らしてきた鳥は、高い温度に順応しているので、冬場の温度を急に低めにしてしまうと、致命的な状況に至る可能性もあります。

老鳥に対しては、少し過保護なくらいに部屋とケージの温度を管理するのが安心です。そうすることによって、予想よりも早く亡くなってしまうような事態は回避できるはずです。

また、若いころから暖房を使わずに暮らしてきた鳥であったとしても、老鳥の域になるとその温度が体にとって負担になってくるのは事実です。寒さで弱って死んでしまった老鳥に対して、昭和の頃なら、「それが寿命だったんだから」と言ってしまったのでしょうが、今の時代は、「まだ生きられた鳥を、人間の意識の低さから殺してしまった」と評価します。

先にも書いたように、寒くてもふくらまず、ある日、突然落鳥したりすることもあります。「寒いけど問題なさそう。平気そう」は、実は危険かもしれません。

暑いと鳥は大きく「はぁはぁ」と息をするので人間は暑いことを理解します。放置すると数時間で死ぬ可能性があることも、目で見て直感的にわかります。

一方、寒いのは、すぐには「死」とはつながらないケースも多いため、人間は危機感がもちにくいのも事実。それでも「寒さ」は、老鳥の体の見えないところにダメージを蓄積させていきます。そうしたことも、老鳥の寿命を縮める大きな要因となっています。

重ねて書きますが、老鳥になると温度耐性が落ちてきます。短い時間の温度変化にも弱くなります。判断を間違えると「死」もありえると理解してください。くれぐれも油断しないでください。

「すぐに温めないとまずい」と判断したときは、即時に対応してください。緊急的に温める方法は、次項で詳しく紹介します。

なお、ケージの中だけ温かくて、放鳥する部屋が寒いという家もあります。温度変化に弱い老鳥のためにも、部屋自体を十分に温かくして、ケージと部屋の温度差もなるべく少なくするように心がけてください。

加湿もしてください

部屋の温度だけが着目されがちですが、「湿度」が不足すると鼻腔などが乾燥して、一部の老鳥では鼻づまりの症状を見せることもあります。

乾燥した部屋は人間の体にもあまりよくないといわれるように、部屋の湿度にも目を向け、できれば50パーセントを切らないように意識すると、より健康的に過ごすことができます。エアコンなどを利用する場合、同時に「加湿」も心がけてください。

ただし、加湿器を使う場合は、清潔を保つことが不可欠です。細菌やカビなどが深く呼吸器に浸入した場合、老鳥は死の危険が大きく高まりますので。

急いで保温、しっかり保温

ふつうのヒーターでは不足の場合

老鳥や病鳥には、緊急保温が必要なケースも出てきます。また、数日から数週間にわたって、継続的にじっくり温めないといけないこともあります。

体力の落ちた老鳥には、緊急保温が必要になることがあります。

まずは、そんな際にできる保温のしかたと、そこで利用したい保温具について、例を挙げて解説してみます。

プラケース＋下から暖房＋カバー

外気温と家の構造の問題から、どんなに暖房をがんばってもケージ内の温度が、鳥が必要とするレベルにまで達しないときや、外気の当たらないコンパクトな環境で効率的に温めたいとき、鳥をプラケースやガラスケース（水槽など）に移動させるという対応もよく取られます。

その際は、カバーのついた電球タイプのヒーターを中にセットするのがこれまでの一般的なやり方でした。しかし、それではヒーターの近くだけが温かく、鳥がいるケースの床面は十分に温かくない状況もありえました。特に底冷えする冬場は、底面の断熱にも注意が必要でした。

そんな場合は、イヌ・ネコ用など、哺乳類用として販売されているフラットなヒーターをケースやケージの下に置く（下に敷く）と、鳥の足元からじんわり、しっかり温めることが可能になります。

さらにその上から、フリースやタオル地の布をカバーとしてかけることで、ケース内の温度を30℃以上の安定した環境に置くことが可能です。

人間が見えて鳥が安心できるように、また、中が暗くならずに自由に食事ができるように、三面をカバーで覆い、ひとつの面だけ開けておいても、ケースの中の温度は安定しています（次ページ参照）。

比較的硬めで、丈夫で、その表面をアルコールなどで拭くことも想定されたフラットヒーターは、大小、さまざまなものが市販されています。

その多くはリバーシブルで、表が35℃、裏が45℃（あるいは、表が33℃、裏が38℃）など、表面と裏面で設定温度がちがっていて、必要な設定で使い分けができるようになっています。片面だけがヒーター面で、スイッチで強弱を切り換えられるものもあります。

例えば35℃設定のフラットヒーターを使うと、鳥のいる床面を30～32℃に固定することが可能です。室温にもよりますが、プラケースやガラスケース内部の温度を30℃を維持することも可能で、低温やけどの心配もありません。

重いものや先の尖ったものを乗せないなど、正しい使用法を守れば安全に使える商品であり、ケーブル類もプラスチックやガラスによって隔てられた外に置くことになるため、かじられる心配もありません。ヒーターをケースの内部に入れないので、餌や水を入れても広く使えます。

そうしたフラットヒーター類の中から、上にプラケースやガラスケースを置いても「はみでない大きめのサイズのもの」を選んで家に用意しておくと、ほかにもさま

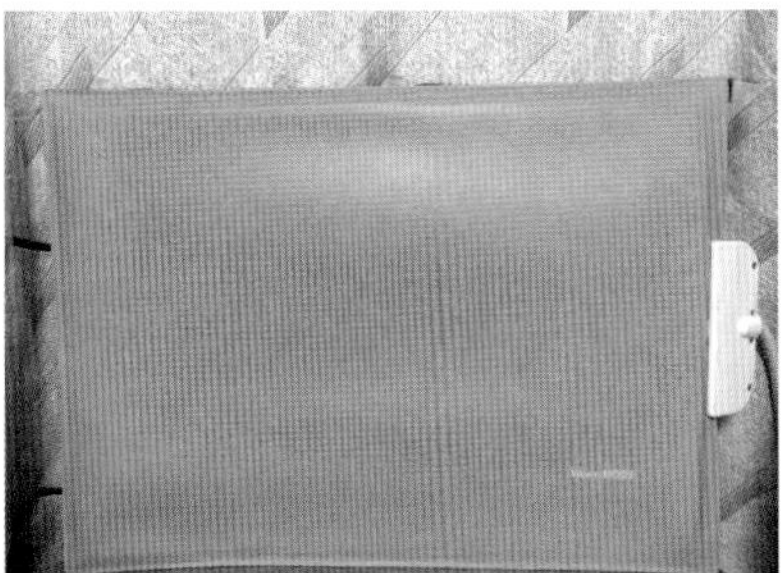

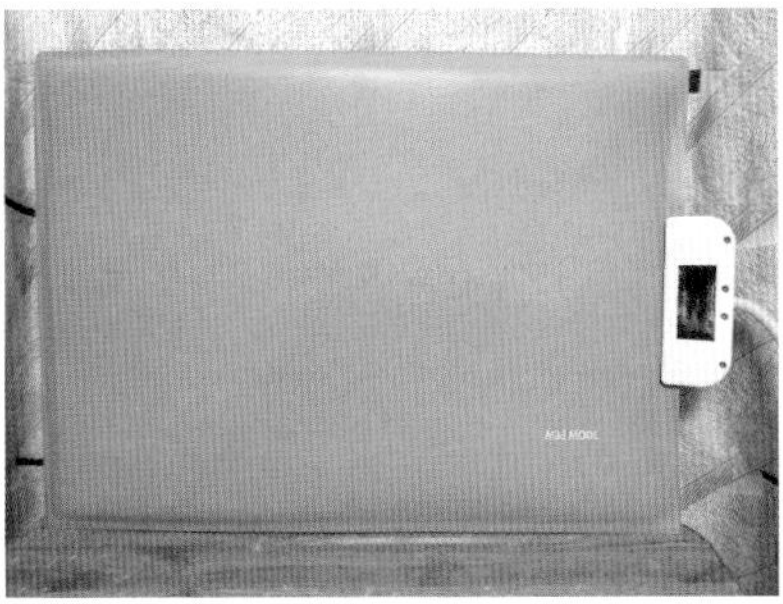

筆者が20年使っているフラットヒーター。

ざまな局面で役立ちます。

例えば、十分に温められない部屋でヒナを育てている場合など、そうしたヒーターの上に連れてきて挿し餌をすると、温度が少し低めの部屋でもヒナや若鳥の体を冷やさずに済みます。また、病鳥や病み上がりの鳥を放鳥する際、そうしたヒーターの上で遊ばせたなら、体を冷やす心配が減ります。

このように、前面だけを開けて上からタオルをかけることで、中は30℃以上をキープできます。

タオルなどで温度調節も

もう少し高い温度が必要な鳥では、ヒーター面の温度設定を45℃にした場合も、あいだにタオルなどを挟むことによって、床面の温度が上がりすぎることを抑えることが可能です。また、カバーの種類や厚みを変えることでケース内を必要な温度に設定することもできます。

とはいえ、こうしたかたちで保温する場合、必ず中の空気と床面の温度を測定し、さらに鳥の羽毛や呼吸の様子などを見て適温であることを確認してください。体調の悪い鳥にとっては上がりすぎも低すぎもよくありません。さらには、体調を崩している場合、32〜33℃の空間にいてなお、寒そうにする鳥がいます。

ハムスター用など、よりコンパクトで薄型のヒーター（フィルムヒーター）も売られています。ジュウシマツやキンカチョウなどの小柄な鳥を小さなプラケースに入れて世話をする際は、こうしたものも活用できるでしょう。

新たに購入する際はいろいろ比較して、適切なものを選んでください。

下から暖房＋すのこ

じか置きだと暑くなりすぎる心配がある場合は、ヒーターの上に「すのこ」を置き、その上にケースを置くというやりかたもできます。

ヒーターは、上になにか乗せても問題がなく、揺れたりもせず、汚れに強いものを選択するのが基本ですが、すのこをあいだに置くケースでは、これ以外のヒーター、例えばやわらかい素材のペット用、人間用のミニ・ホットカーペットなども利用が可能です。

ただし、あいだにすのこを置く場合、直接の接触によって熱を伝えるやり方に比べてどうしてもケース内の温度が低くなります。必要な温度まで上げられない状況も出てきます。

そのため、その鳥に必要な温度を第一条件にして、世話をする人間が「正解」の設定を模索し、決めていく必要があります。

ケージ＋下から暖房＋カバー

プラケースなどの狭く密閉された空間を極端に嫌う鳥もいます。そうした鳥では、無理にそこに入れようとすると暴れて、大きなケガをする危険もあります。

その場合は、ケージごとフラットヒーターの上に置き、カバーをかける方法、またはフラットヒーターの上にすのこを置いて、そこにケージを置く、という方法も使えます。

イヌ・ネコ用の平均的なフラットヒーターは、60×45センチメートルサイズなど、比較的大きく、その上に35タイプやそれ以下のケージを置くこともできます。

ただし、さほど重くない平均的なケージはヒーターの重量制限に引っかからず、おそらく問題ありませんが、ステンレス製や格子が太い金属の重いものはヒーターの上に乗せられないこともあります。

製品の重量制限の項目などを確認した上で使ってください。

ヒーターとケージのあいだにすのこなどを置く場合は、重量制限があっても回避できますが、先にも指摘したように、すのこがあるといかに断熱に優れた覆いを上からかけたとしても、ケージ内部の温度が目標とするところまで届かない可能性もあります。

ケージでないとどうしてもイヤという鳥については、一時的に今暮らしているものから引っ越してもらい、コンパクトなケージで我慢してもらいつつ、温まってもらう「次善の策」を了承してもらうとよいかもしれません。

3方向からケージを温め

不調ではある。寒い。それでも、自分のケージから移動するのは絶対にイヤ。そんな鳥もいます。大抵はがまんして移動してもらうわけですが、一時的に、会社のオフィスなどで机の足元から温めるタイプの人間用ヒーターを活用することもできます。

必要な場合、下にフラットなヒーターを置き、足元から温めると同時に、さらに側面の3方向から温めることで、鳥にまんべんなく熱を伝えることができます。

3ないし4面から温めるこの方法を使うと、一気に体全体が温まります。緊急保温の際には意外に使える保温具といえます。

ふだんは机に向かう人間の足元の温めに使い、非常事態には鳥にまわす、ということで、このタイプの足元ヒーターも、ひとつ家においておくと安心かもしれません。

フラットヒーターの上にケージを置いた場合と、あいだにすのこを置いた場合。ふつうのサイズ（35サイズ）の重くないケージなら上に乗せることも可能。

足元を3方向から温めるオフィス用ヒーターは、鳥を温める際にも有効な場合があります。

なお、このタイプのヒーターは使用開始時に鳥にとっての有害成分を含むガスが出る可能性もないとはいえないため、しばらく人間が使ったものを非常時に鳥にまわすのが安心です。

部屋の温度が低く、これでは十分に温まらない場合は、先に紹介したほかの方法で鳥を温めてください。逆に暑くなりすぎる場合は、ケージから少し離してください。

備えあれば

それぞれの家庭で、現在もさまざまな方法で鳥の保温を行っていると思います。それをベースにして、まさかのときにどうやって温めたらいいか、各人がふだんから考えておいてほしいと思います。

そうした脳内シミュレーションと保温具の準備が役立つ日はきっときます。またそれは、老鳥だけでなく、ほかの若い鳥が病気になった際も役立つはずです。

床生活になった鳥のケアと設定の注意点

段階的に変化を

老化や、老化にともなう病気によって歩けなくなってきた鳥の生活は、状態にあわせて段階的に変えていく必要があります。

少し足腰に弱りが見えた際の判断として、中のレイアウトをあまり変えずにケージを小さいものに変えるという手段があります。それで数年暮らせることもあるでしょう。

さらに足腰が弱り、高いとまり木まで行くことができなくなった場合は、上のとまり木を取ったり、大きく下げたりします。

とまり木のあいだを飛び移るように移動をするフィンチの場合、ジャンプ力が衰えたり、握力が落ちてとまり木を力強くグリップできなくなったときが、とまり木を直すタイミングですが、オウムやインコはクチバシを第三の足として移動手段に使うので、一概に脚力の衰えだけでとまり木の変更を決めることはできません。

バランス感覚がよいのか、足裏の面積がフィンチ類より広い影響か、ぎゅっと強く握れなくなっても、それなりにとまり木生活を続けるオウムやインコは多く見かけます。つかむというより乗っている状態ですが、安定度はそれなりによいようです。

床の生活へ

それでも多くの鳥は、突然の落鳥がなければ、やがて床で暮らすようになります。その際、インコやオウムの多くがあっさりと地上生活になじむのに対して、フィンチは乗れなくなってなお、とまり木に未練を残すケースも多く見られます（対応は次項にて解説）。

足が弱ってきた鳥は、金網の上では安全に生活できません。そのため、金網を取り、プラスチックの床にするか、その床の上または金網の上にやわらかいタオルを敷いて生活させるなど、それぞれの飼い主がどうすべきかしっかり考えて、その鳥に合った床生活を構築してください。

保温のことなども考慮して、大きめのプラケースで生活してもらうことを検討する方もいると思います。鳥が拒絶しないようでしたら、それでも問題はないと考えます。ただ、どうしても強く拒絶する場合は、少し小さいケージなどで床面生活をさせてください。

足の悪い鳥に安心して暮らしてもらうには、タオルの床も選択肢のひとつになります。

なお、血流が悪化して、足の裏にできたたこの治りが悪くなった場合などは、床を柔らかくする必要があるため、柔らかめのタオルを推奨します。ただし、爪が引っかかったりしないように、しっかり爪の先端は切ってください。タオルの上にティッシュを敷いておくと、タオルを洗濯するインターバルを少し延ばすこともできます。

あまり歩けない鳥の保温

歩行が困難になってきた鳥、完全に歩けなくなった鳥にも保温は必要です。自分の力で歩けるのなら、電球タイプのヒーターをケージ内に設置することも可能ですが、あまり歩けない場合、鳥がたたずむ場所が適温になるように人間がさまざまな調節をする必要があります。

歩けない鳥は一般に、そうでない鳥に比べて足の血流が悪くなっています。健常な鳥よりも「低温やけど」をしやすく、悪化させやすくなっていますので、そうならないような注意は不可欠です。

こうした鳥の場合、下にフラットなヒーターを置いて温めるのが安心ですが、温度が不足しないように、暑くなりすぎないように、上手く設定してください。また、まったく動かないのも問題なので、位置を変える補助を人間がするなどして、環境を整えてください。

こうした鳥に対しては、「介護」という意識をもって接し、毎日必要な対応をしてあげてほしいと思います。

とまり木へのこだわり

とまり木がほしいフィンチ

　一般に、片足ずつ前に出す歩行「ウォーキング・タイプ」をする鳥は、野生においてもあたりまえのように地上に降りて採餌したり休憩したりする一方、両足揃えて飛び跳ねるような移動「ホッピング」をする鳥は、地上にも降りるものの、ウォーキング・タイプの鳥に比べて滞在する時間が短い傾向が強いといわれます。

　そうした鳥は長時間、地面や床にいると不安を感じたり、なんとなく居心地の悪さを感じたりもするようです。飼育されている鳥では、インコやオウムがウォーキング・タイプで、フィンチ類がホッピング・タイプです。

　足が悪くなるなどして床で暮らす生活になったとき、インコやオウムはすんなりその生活に馴染む様子が見られますが、ブンチョウなどのフィンチは、足下にとまり木がないことで、落ち着きをなくすケースがあります。もともとの生活習慣が、こうした点においても、メンタルにちがいを生み出しているようです。

　特にブンチョウにこうした傾向が見られるのですが、床にとまり木をじかに置くか、問題なく登れる低い位置にセットすると、精神状態が向上します。うまく握れなくなったとしても、足の裏にとまり木の感触があると、精神が安定しやすいようです。

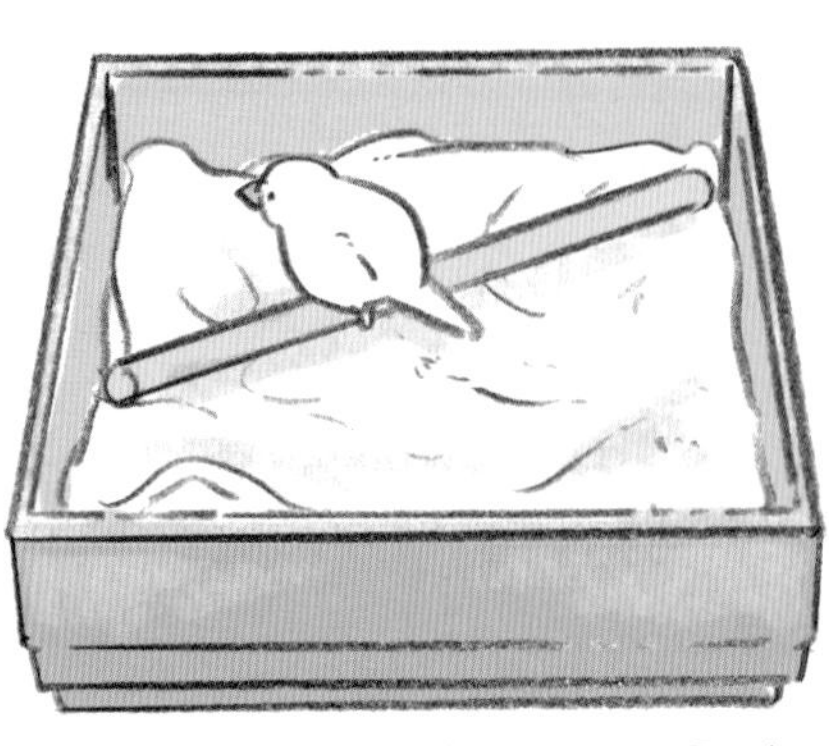

タオルの上にとまり木の例。高くなくても、ただ足の裏にとまり木を感じるだけで落ち着く鳥も多く見られます。

日光浴と紫外線ライトの使い分け

鳥には紫外線が必要ですが

老鳥の多くは寒さが苦手です。室温よりも10～20℃も外気温が低くなることもある冬場、ベランダなどに出して日光浴させることは適切であるとはいえません。

いかに紫外線が必要でも、冬の寒さは老鳥の体にはきびしく、無理に外に出すと、大きく体調を崩すことにもなりかねないからです。かといって、透明な窓ガラスであっても、紫外線はほとんど通さないため、窓ガラス越しの日光浴は意味をなしません。

暑くもなく寒くもない秋にたっぷり日光浴をさせ、冬場は暖かめの日のみ日光浴をさせる。幸い太陽の高度は低く、夏に比べて部屋の奥まで陽光が入るので、風のない日に、なるべく窓から離れた部屋の奥で短時間だけ日を当てる。そんなやり方は可能です。それでも、浴びる紫外線量はどうしても少なくなってしまいますが……。

昔は、寒空の下でも日光浴をさせるか、冬は我慢をしてもらって、春にたっぷり日を浴びてもらうのが通常のやり方でした。しかし今は、「紫外線ライト」を使うという選択肢も選ぶことができます。

鳥用の紫外線ライトも登場

以前より、爬虫類を飼育している人たちがふつうに使っていた紫外線ライト。今は、鳥にあわせた鳥用のライトも販売されていますが、現在のところ、その使用率はまだあまり高くはないようです。

ポカポカ。

紫外線とは、可視光線よりも波長の短い光（電磁波）の総称であり、一般にUVA、UVB、UVCに分けられます。

それぞれの波長は次のとおり。

◎UVA　315〜400nm

◎UVB　280〜315nm

◎UVC　100〜280nm

光は、波長が短いほど高いエネルギーをもちます。つまり、可視光線より紫外線の方が高いエネルギーをもつことになります。

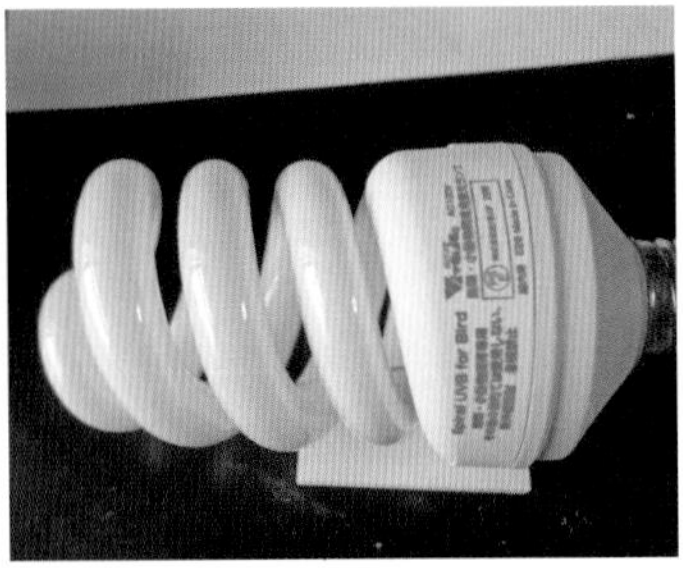

筆者宅で利用している紫外線ライトです。ヒバリア社製。UVAの光が中心です。

紫外線の中でもっともエネルギーの高いUVCは、殺菌にも利用される生物にとって有害な光。この外側の光がX線です。

太陽からは、この領域の光も大量に放出されていますが、幸い地球には「オゾン層」があり、そこでUVCはほぼすべて吸収されてしまうので、地表には届きません。

鳥の体に必要な紫外線は、「UVB」。ただし、多すぎない量のUVBです。

オゾン層を抜け、大気を通り抜けて地上に降り注いでいる紫外線の大半、その99パーセントはUVAで、残りの1パーセントがUVBです。鳥はこの微量なUVB光をビタミンD_3の合成に使っています。

最近、目にするようになった鳥用の紫外線ライトは、340nmあたりにゆるやかなピークをもったUVA中心のライトで、UVBの光は太陽光と同レベルの、ごくわずかしか含まれていません。

一方、従来からある爬虫類用の紫外線ライトはUVBの成分を強めたものが多く、おなじ「紫外線ライト」という名称でも、鳥用とは方向性がちがう「別物」です。

爬虫類用の紫外線ライトの方が安いので、こちらを買っている方もいますが、UVB領域に強いピークをもった光は鳥にとって「有害」であり、健康を損なう可能性があります。爬虫類には適した光ですが、UVBの成分を多く含むライトは〝鳥には使わないで〟ください。

紫外線ライト利用の提案

日光に当てられない時期は鳥用の紫外線ライトが利用できますが、実はどのくらいの距離から、どのくらいの時間、光を当てたらいいのか、その基準は定まっていません。

わかっているのは、トカゲなどの爬虫類でよく見られるような至近距離からの照射はあまり好ましくないということです。

鳥の目はとても敏感です。ずっとそばに強い光源があると、大きなダメージを受ける可能性があります。紫外線ライトを利用する際は、ケージの内ではなく、外に、鳥のいる場所から少し距離を空けてセットしてください。30センチ

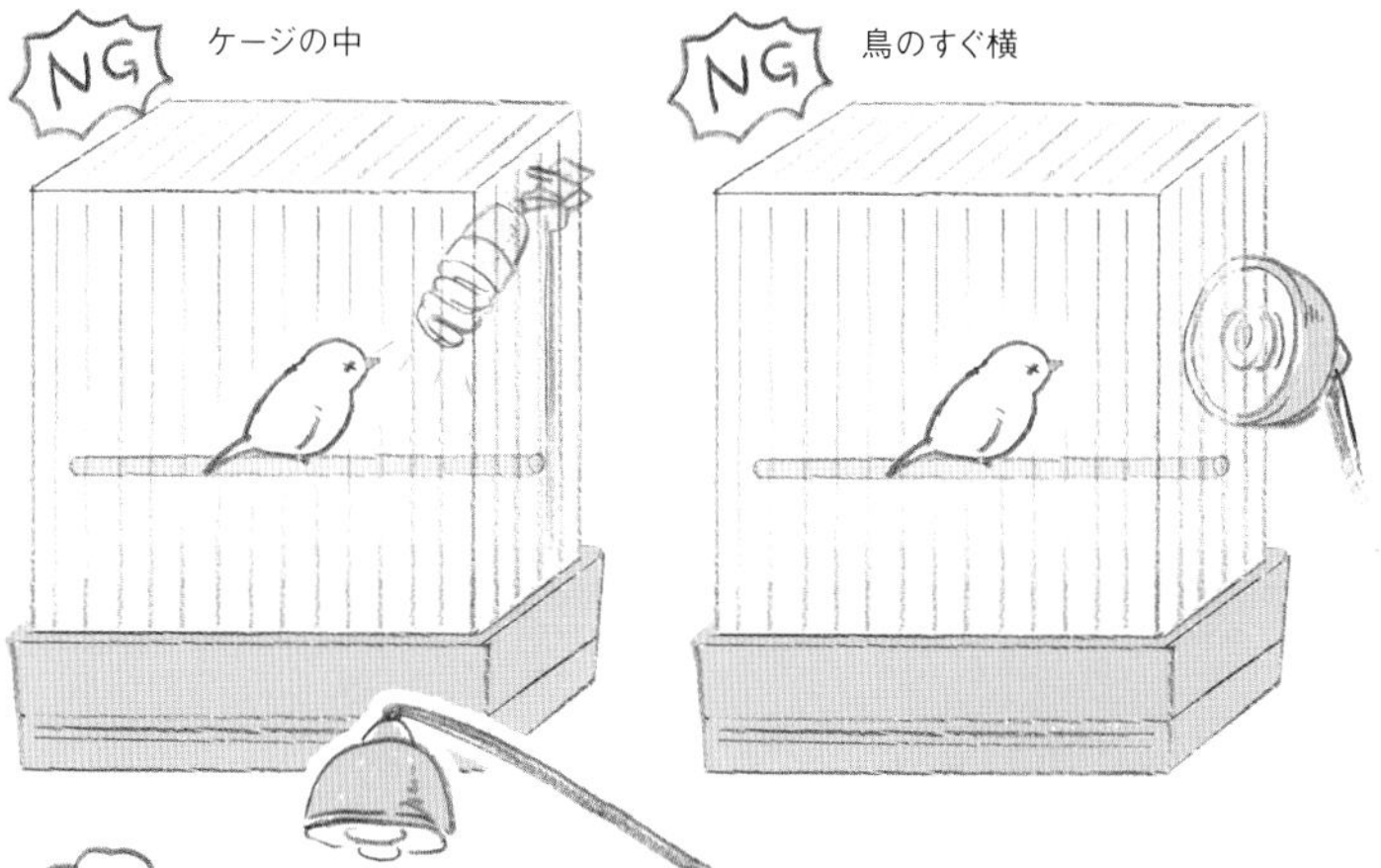

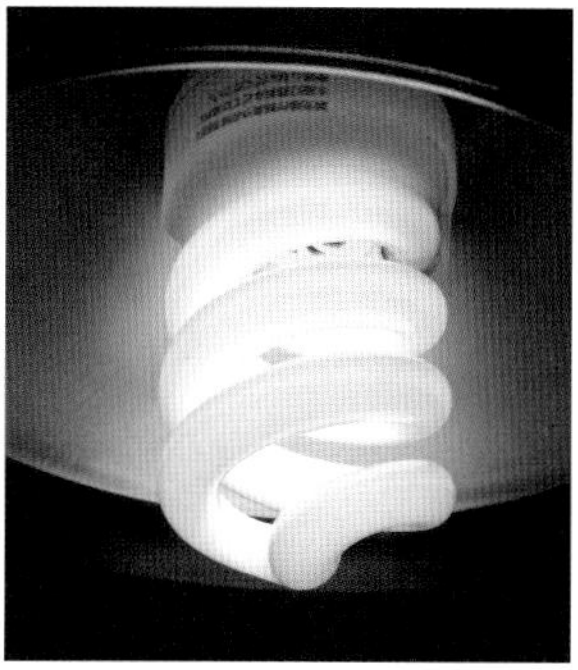

点灯したイメージ。

爬虫類に紫外線を当てることとは別と考えて設置してください。近距離はNG。少し離れた場所、上方から光を放射するのがよいとされます。複数の鳥がいて、複数のケージを使っていた場合、時間を区切って順番に当てるなどしてください。

メートルほど距離を空けると安心かもしれませんが、それでも明るいと鳥が気にするようなら、あと少しだけ離してください。ただし、あまり離すと必要な紫外線は鳥には届かなくなるので要注意です。

　提案したいのは、机などに取りつけられるアームライトの利用です。紫外線ライトもＬＥＤライトや発熱電球など、通常の電球とおなじソケットにはまりますので、使っていないアームライトがあったらそれに取りつけ、ケージの上から紫外線を当てるとよいでしょう。

紫外線ライトの使い方

　野の鳥は、陽の光がある時間はずっと紫外線を浴びています。曇りの日でも紫外線は地上に届いていますし、仮に鳥が木の陰などにいたとしても、照り返しや回り込みの光が届きます。

　そこから、外が明るい時間帯はずっとライトをつけているのがいいと考える獣医師もいます。しかし、太陽の角度が低い朝夕は紫外線量が少ないなど、一日の中でも照射量には変化があります。

　紫外線ライトの使い方は、使う個人が考えて、よいと思う方法を選ぶしかないのが現状です。

◎冬場の紫外線量などから科学的に利用方法を決めたい場合

　まず、その地域の日照時間と地上に届く紫外線量を調べます。化粧品メーカーなどが日本の年間の紫外線量のデータを公表しているので、調べることは難しくないでしょう。例えば、11月半ばから2月くらいまでの平均紫外線量は1平方メートルあたり４００mjなどの数字が拾えるはずです。ちなみに夏場の紫外線量は冬場のほぼ2倍。夏が極端に多いわけではありません。

　鳥用の紫外線ライトには照射されるエネルギー値が明記されていますので、ケージの上、たとえば50センチメートルにセットした場合のとまり木の上の紫外線量は計算で出すことができます。そこから、何時間ライトを点灯すればいいのかおおよその時間が求められます。

　理系で計算が得意で、完璧を目指す方なら、こういうやり方もあります。覆いをつけて紫外線ライトの光を特定方向のみに向けた場合の補正などを考慮したり、センサーを使って紫外線強度を実際に測定できれば冬場に外にいる鳥とおなじだけの紫外線を当てることは可能です。ですが、一般には難しく、実用的ではないでしょう。

◎実際に可能な方法

紫外線ライトの使用法については、明確な指針がまだ示されていないので、可能な範囲で可能なことをするしかありません。

次に示したのは、だれにでもできる一般的なやり方の例です。

こうするのが正解、というものではなく、こんなやり方もできる、という目安のひとつと理解してください。

夏場でも、休日にしか日光浴をさせられない方も多い――、ということも思い出し、「無理のない範囲で、冬場に室内で紫外線を当てる日をつくる」という感覚でいいのかもしれません。

●ケージから少し離れた場所で、1日、3～8時間点灯する。ほぼ毎日点灯するが、つけない日があってもかまわない。

●紫外線の光は、横からではなく「上」から照射する。

●メーカーが紫外線ライトに記している利用期間は約1年。だが、1年のうち数カ月だけ利用するかたちなら、2～3年は使えると考えられる。とはいえ、利用しているうちに照射される紫外線は減ってくるので、効率的に当て続けるためには定期的な買い換えも必要。

どうでしょうか？

晴れて暖かく風のない日には自然の陽光に当てるなどしてバランスを取りつつ、不足する紫外線を少しでも補ってあげてください。

ただし、浴びる紫外線を増やすために、毎日毎日12時間以上当てる――、などは鳥にストレスがかかるだけなので、程度を考えた対応をお願いします。

紫外線ライトのリスクについて

白内障悪化の可能性も

老鳥になると白内障になる鳥も増えてきます。完全に視力を失った鳥のほか、発症はしたものの、まだあまり進行していない鳥や、白内障予備軍の鳥もいます。

紫外線ライトを使い続けることで、そうした鳥の白内障が悪化する可能性があるということは知っておいてほしいことです。

また、安いから、あるいはすでに買ってしまって使わないともったいないからと爬虫類用の紫外線ライトを使っている場合、そのリスクは何倍も高くなると考えてください。

それでも紫外線が必要と

紫外線ライトを使い続けることで本当に白内障が悪化するのか、それを証明する明確な臨床データはまだ十分にはありません。

可能性は否定できないが、紫外線は鳥の体にとって不可欠なものなので、リスクがあったとしてもライトを使った方がいいと主張する獣医師もいます。

この問題においても、「絶対の正解」はおそらく存在しません。紫外線ライトを使う、使わないは、飼い主にゆだねられています。

考えた末に、目が見えている時期が少しでも長くなるように紫外線ライトは極力使わないと決めるのもありです。白内障が悪化して目が見えなくなる時期が少しだけ早くなったとしても、きちんと紫外線を当てることで、より本来の寿命に近いところまで生きられる可能性が増えると思うので、自分はライトをつけると決めるのもありです。じっくり考えて、飼い主としての方針を決めてください。

コラム

鳥を大切に思う心が逆に……

意識が高いから使う

紫外線ライトについて調べたり、実際に使っているのは、ともに暮らす鳥の健康を願う、意識の高い人たちが多いと思います。

紫外線ライトが鳥の目に与える影響についての臨床情報はまだ多くはありませんが、ケージ内で鳥がいつもいる場所の真横、鳥のすぐそばに紫外線ライトが設置され、近距離から紫外線ライトを浴び続けた結果、そちらがわの目だけ白内障になった例はあります。

紫外線不足にならないようにと願う飼い主の愛情が、思わぬ事態を招いてしまった、想定外の事態です。

エネルギーの高い紫外線は、UVAの光が中心であったとしても、いつも目に入り続けていたら問題を起こします。真横からの照射も、数センチ先からの照射も厳禁。それが爬虫類用だとしたら、もっと酷い状況になりかねません。

恨んだりしません

鳥のためと思ってしたことが鳥を傷つけたときの飼い主の悔恨の念は理解できます。とてもよくわかります。でも、そんなときこそ気持ちを切り換えてください。その鳥は、あなたのせいでこうなったと恨んだりはしていません。

あなたにできることは、不足していた知識を正しいものに修正し、そこから先のその鳥の鳥生に責任をもつこと。幸い、片方の目は無事で、生活には支障がありません。

後悔するのはずっと先。その鳥が亡くなったあとです。それまでは飼育や食餌について重ねて情報収集をして、これまでのように愛ある暮らしをさせること。それが大事です。

夜は暗くしてください

生活音に安心する

老鳥期の初期は、若いころとあまり変わらず、活発に動き回っていますが、疲れやすさは歳相応になってきています。

疲れやすさは判断しにくい老化ですが、休むタイミング、眠る時間、飛ぶ時間、積極性などを日々、注意深く見ていると、少しずつ感覚としてつかめるのではないかと思います。

さらに老化が進むと、疲れやすさが急加速して、よく寝るようになるのはすでに解説したとおりです。

長く暮らしてきた環境なら、多少生活音が大きくても鳥はリラックスして眠れます。眠っている最中も耳は音を拾っていて、音を分析する脳の部位は活動しています。聞き慣れない音が聞こえてくると目を覚ますという、鳥に元来備わっている機構は老鳥になっても衰えません。

ですが、普通の暮らしでそうした音を耳にするケースはまれです。せいぜいベランダの手すりにカラスがとまり、至近距離でその声が聞こえるなどした場合くらいでしょう。

耳が拾う生活音は、眠っている老鳥にとっては子守歌のようなもの。いつも聞いていた音が今日も聞こえているという感覚です。それは、心が穏やかになる響きでもあります。

そうした音が聞こえてくるというのは、いっしょに暮らしている大好きな人間や、その家族がこの時間も家にいて、「いつもと変わらない生活をしている」ことの証明でもあります。

鳥の深い心理としては、おなじ群れの仲間がいつもどおりにおなじ空間にいる、という感覚でもあります。日常と変わらない音というのは、その仲間が警戒していないことの証。つまり、生活音が聞こえる状況というのは、安心して眠っていても大丈夫というシグナルでもあります。

だからこその子守歌でもあるわけです。

十分な休息を

ただし、夜は静かに眠らせてあげてください。夜中がうるさいと、眠っていても目をさましがちです。それは老鳥の体力を奪います。

また、年をとって体重が落ちてきた鳥に対して、少しでもなにか食べてほしいと思って、病鳥にするように夜間も明るくしている方もいますが、それはしない方が無難です。

夜、明るくするというのは、食べない鳥に食べてもらうためのひとつの方法ではありますが、老鳥の食欲減退は病気で食べられなくなったケースとはちがいます（ただし、そのケースであるなら、老鳥においても明るくするのもアリです！）。一晩じゅう灯《あかり》をつけていたとしても、ほとんど食べないと考えてください。

むしろ電気は消して（多くのオカメインコのように、真っ暗になることを怖がる鳥なら、スモールランプくらいの灯にして）、夜はしっかり眠らせてあげてください。無駄に体力を奪わないのも飼い主の義務です。

あと一口食べて体重を維持してほしいなら、昼間にそばについてなにかを食べて見せるなどして、食べる気にさせてあげることの方がずっと効果があります。

昼間おなじ空間にいる時間を増やし、鳥の前で食事をする回数を増やすと、老鳥であったとしても、「なにか食べようかな……」という気になります。

夜はゆっくり、しっかり眠らせてください。
なお、夜間によくパニックを起こす若い鳥からも離すのが無難です。

コラム

老鳥との暮らしは試行錯誤の連続

考えてください

寒空に外に出すなど、してはいけないとはっきりわかっていることもありますが、その場面になってはじめて、じっくり深く考えないといけないこともたくさん出てきます。老鳥と暮らしている方は、それを日々、実感しているのではないでしょうか。

健康でなにも問題のない鳥と暮らしている期間は、あまり悩まずに過ごせます。しかし、老鳥との暮らしでは、そうはいきません。状況は日々変化します。ケージのセッティングをどうするか、いつとまり木をはずすか、日光浴をどうするか、落ちてきた食欲をどう補うか、どうやってはげますべきかなど、問題は山積します。

ケージ内や放鳥する部屋のバリアフリー化においても、鳥の状況、状態から、「適したかたち」を考えなくてはなりません。その際は、その鳥の性格にあわせた配慮も不可欠です。

毎日とはいいませんが、それでもかなりひんぱんに悩むべきことにぶつかり、時間をかけて、考えて考えて決める。という日々になります。愛情をもって鳥と接している方なら、それが自然だと思います。

寝てください

インターネットや書籍、鳥飼いの友人などから情報収集をし、さらに考えて決断をする。その繰り返しは、疲れとなって溜まります。時間が経ってから、あのときは相当疲れて、神経もまいっていたとわかることもあると思います。

ひとまずやってみて、やはりこれはダメだとわかったら、またちがう方法でやり直す。老鳥との暮らしでは、そうした試行錯誤も必要になります。多くの場面で、どうしたらいいか迷うことになると思います。

なにが正解なのかは、飼い主自身の中にしかない場合もあります。だからこそ悩むわけです。疲れたと感じ、なかなか正しい解答に至らないと感じたときは、寝てください。ほかにもまだまだ考えること、悩むことができます。それにしっかり対応するには、自身の体調とメンタルを整えておくことも大事です。それが、愛鳥のためになります。

準備してください

それから、今後の変化を予測して、自分がなにをすべきか、どんな器材を用意しておくべきかも考えてください。できれば、まだ余裕があるときや、気持ちに余裕ができたときにこそ考えてください。

老鳥の場合、体力的に、ひんぱんに病院に連れて行くのがきつくなるケースもあります。どういう状況なら連れて行くとか、どういうタイミングで連れて行くのかも、あらかじめ検討しておいてください。若い鳥ならためらわず緊急搬送するケースでも、老鳥では本当にそれがベストなのか、立ち止まって考えないといけないこともでてきます。

冬場の場合、体を冷やさないような移動用のバッグがあるか、移動中の暖房はどうするかもしっかり考え、簡易カイロを少し多めに準備しておくなどしてください。冬場だけでなく、強い冷房が入っている夏場に電車を使う場合も、カイロは必須です。そして、夏には手に入りにくいこともありますから、どこでも売っている冬場に買い置きしておくと安心です。

こうしたこと以外でも、なにが必要か、自分はどういうケースでどう行動すべきか、しっかり考えておいてください。

老鳥が口にするものの危険性

ケージカバー、毛玉、かじっていませんか？

　鳥用のおもちゃは、おもに留守中の退屈対策などに利用されています。そんなおもちゃの中には、鳥が「かじってあそぶ」ものもたくさんあります。特にインコ・オウム用として、多くの商品がありますし、自作したり、かじることも想定した木や紙や紐などの素材をケージに入れているケースもあると思います。

　実は、ただかじって壊しているように見えて、鳥は、紙や木や糸などの繊維の微小片を飲み込んでもいます。稗《ひえ》や粟などを中心とした種子食の鳥の場合、剥いた殻の一部も飲み込んでいます。

　年齢を重ね、老鳥の域に入った鳥の消化管はゆっくり弱っていきます。消化管の老化については、食べる量が減ってくるほか、消化能力自体が落ちてくる、という面もあり、そうしたものを飲み込んでも大丈夫なのかという心配の声も聞かれますが、大丈夫。安心してください。老鳥になっても、飲み込んだ微小繊維が消化器の中に残るといったトラブルはほとんどおきていません。

　問題は、歩行に支障がでて、あまり歩かなくなった鳥が、退屈などを紛らわすために、ケージのカバーとしてかけてあるタオルをかじり、その繊維を飲み込んでしまっている場合や、飼い主の肩にいるあいだに、服の毛玉を取るような遊びをしていて、それを飲み込んでいるようなケース。最悪、そ嚢《のう》につまって死に至りますので、注意が必要です。

　今はまだあまりありませんが、歩行が困難になり、特定の場所で遊ぶ老鳥が増えると、こうした事故も増えてくる可能性があります。

あとがきにかえて

『うちの鳥の老いじたく』を書いたあと、保温法など、もっと詳しい情報がほしいという要望をいただきました。また、『老いじたく』を書いている最中《さなか》に行っていた鳥の肩と足のリハビリについて、少し体系だててまとめることができたことから、「老鳥との暮らし方」について講演させていただく際に、リハビリにふれる機会も増えました。すると、その点についても書籍化してほしいという要望をたくさんいただきました。

『うちの鳥の老いじたく』において、リハビリについてほとんど触れなかったのは、まだ始まったばかりのテーマで、科学的・医学的な基盤に沿ってきちんとまとめられる段階になかったためでしたが、それから2年が経ち、老鳥についての講演活動をするかたわら、横浜小鳥の病院からもさまざまな情報をいただき、人間のリハビリ現場の取材も重ねて、関係する情報を集めることもできたため、本書において1章を割いて解説することになりました。

しかし、重ねていいますが、この分野はやっと始まったばかり。そして、急に進んだりしません。

まだまだ手さぐり状態のため、本書では、うちの鳥で実践したことの紹介を軸に、解説をさせていただきました。

振り返ると、挿し餌をしているヒナから看取りの時期まで、長い時間をかけて多くの鳥の一生と向き合ってきました。病気のため、本来の寿命まで生きさせることができなかった鳥もいます。しかし、彼らの鳥生からも本当に多くのことを学ばせてもらいました。

それは自分の大きな糧となりましたが、同時に、鳥と暮らすすべての人に役立ててもらえる情報でもあると思っています。鳥の飼育に関して、少しでも理解が進むように、「手許にある情報を可能なかぎり公開する」という意思が本書の底流にもあります。

老鳥に現れる病気症状についても、うちの子たちを通して、たくさんの情報が集まりました。全員が20世紀生まれなので、もれなく老鳥です。最年長の子は、この本の原稿があがった今年3月に亡くなりました。

うちで2番目の老鳥は、昨年、がんの宣告を受けました。現在、がんとともに生きる暮らしを選択して、不自由ながらも、発症から1年をなんとか生き延びています。いちばん若い子も、足裏こそ治ったものの、うしろの長い指は動かず、心臓・

脳の発作も不定期に起こします。緊張感の中で暮らしています。

試行錯誤の中で彼らから学んだことは、病気の知見やリハビリの方法を含めて、すべて本書に封入しました。この本が、老期を生きる多くの鳥たちの一助となることを願ってやみません。

最後に、今回もさまざまな取材をさせていただいた、うちの鳥たちの主治医でもある、横浜小鳥の病院の海老沢和荘院長に感謝をお伝えして、あとがきにかえての結びとしたいと思います。

細川博昭

茗(めい)。通称、「鍋インコ」。2歳から20年、この鍋にはまり続けました。

菜摘(なつみ)。青菜が大好きで、顔じゅう緑にして食べる様子からこの名がつきました。

索引 あいうえお順

著者

細川博昭（ほそかわひろあき）

作家、サイエンスライター。鳥を中心に、歴史と科学の両面から人間と動物の関係をルポルタージュするほか、先端の科学・技術を紹介する記事を執筆。おもな著作に、『インコの謎』『インコの心理がわかる本』『うちの鳥の老いじたく』『鳥が好きすぎて、すみません』（誠文堂新光社）、『知っているようで知らない鳥の話』『鳥の脳力を探る』『身近な鳥のふしぎ』『江戸時代に描かれた鳥たち』（SBクリエイティブ）、『鳥を識る』『鳥と人、交わりの文化誌』（春秋社）、『身近な鳥のすごい事典』『インコのひみつ』（イースト・プレス）、『江戸の鳥類図譜』（秀和システム）、『大江戸飼い鳥草紙』（吉川弘文館）などがある。日本鳥学会、ヒトと動物の関係学会、生き物文化誌学会ほか所属。

Twitter：@aru1997maki

イラスト

ものゆう

鳥好きイラストレーター、漫画家。主な著書は『ほぼとり。』(宝島社)『ひよこの食堂』（ふゅーじょんぷろだくと）『ことりサラリーマン鳥川さん』（イースト・プレス）など。

ものゆう公式Twitter：@monoy

撮　影　蜂巣文香

デザイン　橘川幹子

編集協力　中村夏子（and bocca）

撮影協力

石井美穂、神吉晃子、三澤由紀子、井出るい、河村さおり、ことりカフェ、小林祐子、小舟戸朋幸、千葉屋鳥獣店、ドキドキペットくん、ピッコリアニマーリ、三澤壮太郎、やべともこ

（順不同）

穏《おだ》やかで安心《あんしん》な環境《かんきょう》づくりから、

リハビリ、メンタルケアまで

老鳥《ろうちょう》との暮《く》らしかた

2020年5月17日　発　行　　NDC488

著　者　細川博昭《ほそかわひろあき》

発行者　小川雄一

発行所　株式会社 誠文堂新光社

〒113-0033 東京都文京区本郷3-3-11

［編集］電話 03-5800-3621

［販売］電話 03-5800-5780

https://www.seibundo-shinkosha.net/

印刷所　株式会社 大熊整美堂

製本所　和光堂 株式会社

ISBN978-4-416-52096-3